凱信企管

**用對的方法充實自己，
讓人生變得更美好！**

凱信企管

用對的方法充實自己，
讓人生變得更美好！

大唐盛世之治

現代企業管理 X 現代企業

最值得經理人、管理者參考借鏡的
現代企業管理智慧

◆ 作者序

　　能夠完成一本書是從前我做夢也沒有想到的事，不過這件事，也是在我規劃 40 歲之後的人生清單中，想要完成的其中一條，只不過走到今天真的完成了，心中還是有潸然淚下的感動啊！想起從前的求學過程中，對母親、師長的殷殷期盼總有所「抗拒」，自己努力也不夠，所以當時想要追求的求學目標沒有達成，但，人生是馬拉松不是短跑，透過持續的努力奮鬥，勤能補拙，挑戰目標成功著實也是另一番滋味。本書利用過去歷史的主題和現代企業管理來連結對照撰寫，也是受到研究所在學期間，我的恩師—洪榮華教授所啟發，看著過去的歷史軌跡，投射到現代的企業經營管理，其實諸多相同都是重疊的。德國哲學家黑格爾 200 年前說：「人類從歷史學到的唯一教訓，就是人類沒有從歷史汲取任何教訓。」換句話說，所有的事件，都會一直重蹈覆轍著。但，當局者迷，有時候我們身在其中，是無法觀察與認知，才會有歷史已經發生過，但換個時空背景，熟悉的場景，還是一樣出現的懊惱。

　　咀嚼著這些歷史的事件，因為是研究企業管理，所以對管理學有不同的體悟，尤其自己本身也在企業裡擔任主管職，對於「人」的拿捏，總是主管們感覺最困擾的。我把自己在職涯、

企業中觀察到的現象和經歷過的事，擷取淬鍊成另一種角度來分享，藉由第三視角觀察思考，給予這個歷史事件和企業管理互相融合的觀點，透過簡單的歷史小故事或史料，和現代企業管理理論及實務來做不同的碰撞，期望可以讓更多人在歷史和管理中得到不同的發想，有所收穫。不過還是要提醒的是，歷史本身就是當下或是後世的人往前看所做的論述，每個撰寫的人都因為時代背景、職位、角色給予不同評價，這是很主觀的，我們做研究，就是以客觀角度來呈現主觀的論述，不偏頗、不帶顏色，純就批判性思考來反思，這樣比較可以抽離看到不同版本史料的錯亂感，也跳脫前人描述的框架。畢竟，不管是從前的封建皇朝還是現代，說史官或是執政當局可以多公正的陳述史實，打死我也不相信，歷史是贏家才可能寫的，輸家墳上的草都不知道長多高了。關於史料，各位看倌還是多看些版本再選個最適合自己的吧，不要盡信之。

本書的特色就是使用的文字和理論都是簡單的白話文和基礎理論，不使用艱深的歷史文言文和理論，獻給所有對商業、歷史、管理學領域有興趣的讀者們，期望這樣古今交織觀點與火花，能讓無趣的管理和歷史課題，帶來一些趣味感，對古人決策與現代企業管理有不相同的領悟和感受。

邱立宗

◆ 目錄

作者序

★ 第一章 盛世關鍵「人」

上行下效，且看唐朝盛世不同的賢明君主，在用心思維與管理方式上，有何優勢。

★ 第二章 總體經濟環境

唐朝的開元盛世，若沒有深厚的經濟基礎做基石，也難以運作。且看在不斷變化的環境裡，領導者如何擬出各種經濟方面的應對之策。

★ 第三章 盛世條件之政策與制度建立

一個組織要能夠順利營運，「制度」的建立勢在必行，無論是人才的選拔、任用及內部管理等等。

★ 第四章 國家治理與公司治理

現代企業的永續營運與領導人對於組織遇災難、禍事的預防與補救機制緊密相關。企業主到底該具備什麼的智慧與決策？

★ 第五章 團隊建立與接班

「接班人」如何能夠無縫接軌維持前人永續的豐碩成果，事前的準備與規劃，是每一位接班的領導者需重視與學習的課題。

「人」，在國家興亡占至關重要的位置；
公司治理亦是如此！
上行下效，且看唐朝盛世不同的賢君明主，
在用人思維與管理方式上有何優勢，
能助其草創打天下與治國守江山。

第一章 ——

盛世關鍵「人」

1-1
談君道與用人之團隊建立

　　唐朝歷史上出現幾個盛世，最廣為人知的就是貞觀之治。

　　貞觀之治在唐朝第二個皇帝唐太宗李世民在位時出現，歷時22-23 年（貞觀元年約莫在西元 626-627 年），貞觀之治的成功或者說盛世的到來和領導人有著深刻的關係；從前的封建皇朝，現在的公司都是團體，只要有人的地方，就有政治。在帝王主義的時代，是不一定有安全說話的環境的，只要不小心說錯話，輕則發配邊疆，重則丟掉腦袋，所以要可以聽到「真實的諫言」，取決於領導人的氣度和格局。

　　唐太宗就有這樣的人格特質，他願意接受諫臣魏徵[1]的諫言，時時檢討自己，討論著治國的方向和執行的政策是否失當或得民心。

---

1 魏徵：唐朝的諫臣，原是太子建成旗下的幕僚，後為太宗延攬晉用。

身為領導者，太宗時常想著：「如何才能做好一位君主？」

有一次太宗和群臣討論這個問題，這時魏徵說道：「古代從前的聖哲君王，都是從本身做起。」

就像楚莊王禮聘隱者詹何，請教治國之道，詹何說：「臣未嘗聞身治而國亂者也，又未嘗聞身亂而國治者也。故本在身，不敢對以末。」大意是說：若君主從本身做起，以身作則，勵精圖治的治國，就不易發生亂事；反之，若不以身作則，身體力行的實踐，要想治國不發生亂事，也未曾聽聞過。

我敬愛的老長官前統一超商總經理、全聯實業總裁－徐重仁先生和我們分享過一句話：「部屬是看主管背影成長的。」就是這案例最好的解釋。若公司或組織發生上樑不正下樑歪的情形，公司的文化充斥著虛偽、猜忌、推託、賄賂、送禮、拍馬屁、部門間相互攻擊等等亂事，最要檢討的，就是君王自己。明君或暗君，公司的發展前途和組織文化，就是當家者的縮影，如是而已！

管仲曾在霸言篇中說過：「夫爭天下者，必先爭人。」做為一個霸主想要一統天下，必須先建立團隊與完善人才管理，在天時地利人和下，才有機會得到天下。唐代在唐太宗貞觀之治時，建立了新的執政團隊，在吳兢[2]所撰寫的《貞觀政要》中，

---

2 吳兢：唐朝史學家，《貞觀政要》之作者，為勸諫唐玄宗而撰文描述唐太宗之治國案例。

強調：「為君之道，必須先存百姓；若損百姓而奉其身，猶割脛以啖腹，腹飽而身斃。」[3]也確立安人治國之根本思想，「重人」的核心治國方略思想，也就順著帶出了幾位主要的代表當成團隊的核心成員；有了這些團隊人員的輔佐，成就了貞觀之治。每個團員各有專長領域與不同核心職能，讓太宗可以無後顧之憂的領軍治國，在這些重要的人物中，有幾個代表可以和現代企業的組織對照：

以文膽來說，當以房玄齡為首。

房玄齡自幼博覽經史，18歲那年就被舉為進士，在李世民的團隊中擔任過渭北道行軍記室參軍[4]，房玄齡當時在團隊中最大的貢獻是平定敵人後收編人物延攬成為太宗幕僚，使得太宗身邊人才濟濟，後太宗權位愈來愈大，房玄齡也在旁協助擔任掌管考核工作，最後太宗取得了政權，房玄齡也展開擔任首席宰相的工作，有了明達吏治又飾以文學的明相，很快就為盛世奠下根基。宰相是古代君王下的第一把交椅，對比現代的公司，有點像是現在的CEO[5]職，是現代公司組織裡的關鍵靈魂人物。

在古代的封建社會中，軍事方面技能也是重要的職能，有了能打仗開疆闢土的將軍保家衛國，才有可以安心執政的政治環

3　出自《貞觀政要，論君道第一》
4　記室參軍一職可對照類似現代軍中的文職人員
5　CEO為現代企業之職稱CEO（Chief Executive Officer 執行長）

境，所以軍事大將亦是很重要的核心成員。

太宗身邊的武將，當以李靖為首。

李靖為飛將軍李廣的後代，在當時算是軍事名門之後，但李靖更厲害的是才兼文武，不僅是兵法、軍書上的運用，也不是個讀死書只懂武術的將軍，出將入相也為太宗立下不少汗馬功勞；日後中國神話中的托塔天王就是在描述李靖。對比現代的公司組織，東征西討的將軍有點像是營業部門主管，背負著公司的使命，開疆闢土與收復失土，維持支撐組織的運作，亦為公司組織裡的重要人物。

在打天下的時代，不難發現每個團隊中，都一定會有所謂的心腹，在古代要推翻上一個政權進行革命時，是拿命在拚的，許多策略計謀都只能讓少數人知道，否則消息洩漏後性命不保、大局難全，還沒推翻政權就已變身白骨。所以在領導者的身邊，這種陪伴一起打天下的心腹，在某個時期都有一定地位的。

比古對今 對照現代的公司組織，攤開多數公司的組織圖不難發現，也都是核心成員的組織設計。在公司治理與營運的角度上，核心成員的任用極為重要，有制度規模的公司，不一定是家族成員或心腹擔任，公司治理完善的大型連鎖公司，許多核心職位多是委託專業經理人協助。以美國某大型零售商為例，CEO 下轄 CFO[6]、COO[7]、CAO[8] 的組織設計，在每個部門的 Leader（領導者）就是所謂的核心成員，依層級職權向董事會報告，各司其職擔任組織中的重要角色，維持公司的營運。

所以不管是古代和現代，想要在競爭中脫穎而出，建立團隊打團體戰，就是最重要的任務！在每個皇朝、公司組織的初始期，團隊建立都是最先執行的工作，有了運作順暢、溝通無虞且無私的團隊成員一起努力，相信盛世很快就會到來。

---

6 CFO 為現代企業之職稱 CFO（Chief Financial Officer 財務長）
7 COO 為現代企業之職稱 COO（Chief Operating Officer 營運長）
8 CAO 為現代企業之職稱 CAO（Chief Administrative Officer 幕僚長）

1-2
用人之打天下與治天下

貞觀十年，某日太宗和群臣對話……

太宗曰：「帝王之業，草創與守成孰難？」

和太宗一起打天下的房玄齡[1]說：「天下混亂，大吃小，強吃弱，戰勝對方就消滅，故打天下開創較難。」

魏徵則持反對意見說：「帝王的興起，必定承受世界衰亂的機會，推翻這些昏亂政權，百姓愛戴擁護，四海歸命，天授人與，哪有什麼難？但得天下後，志趣驕逸，百姓想休息不能休息（戰事、勞務），生活困苦，但帝王奢侈沒有停息，如此看來，守成才難呀！」

---

1 房玄齡：為唐朝首席宰相。

太宗聽完兩方說法後，下了個結論：「玄齡隨我爭戰平定天下，所以覺得打天下難；魏徵與我安定天下，憂慮驕縱產生弊端，會踏上危亡之地，所以看見守成之難。現在既然開創之難已過，接下來還是要靠卿等慎重努力才是。」

在歷史上，當時君臣的對話，似乎也沒有清楚的結論孰難？端看從什麼角度剖析與進入，確實是個大難題。

我在就學期間，曾參與研修「研華科技」執行董事（前大同公司總經理）何春盛先生的課程，他分享到日本百年企業長壽的祕密：以全世界最多百年企業的日本來觀察與借鏡，後藤俊夫[2]曾撰文研究日本 260 萬企業中，超過百年的已達 2.5 萬家占 0.9%，超過 2 百年的有 3,939 家占 0.15%，超過 3 百年的有 1,938 家占 0.07%，超過 5 百年的有 147 家占 0.005%，超過 1,000 年的有 21 家佔 0.0008%。

世界歷史最悠久的企業則為名叫「金剛組」的組織，西元 578 年創立距今 1440 年，主營業務為建造木質結構建築。世上超過 100 年歷史企業國家中，日本為第一名，超過 2.5 萬家；第二為美國，達 1.1 萬家；第三為德國，約為 5 千 6 百家，這些世界上經濟排名強大的國家，在百年以上企業的排名上，也是領先群雄占有一席之地的。

2　後藤俊夫：日本經濟大學特任教授／事業繼承研究所長。

剖析縱觀日本或是世界上長壽企業有幾大因素來支撐：

1. 長期經營充滿遠景的觀察佈局觀點

長期觀點：因應政治、經濟變化發展進行企業長期的經營規劃，聚焦長期有利事項；以金剛組來說，專注聚焦本業－「專業木造建築而延續千年」。另外，百年長壽企業對於遠景的觀察與佈局，也是相當細膩，不管是政治上的佈局，抑或是股權、接班節奏的佈局，皆是提前準備數十年後的長期經營考量。

2. 量力而為的保守經營模式

以企業可持續發展繁榮為經營策略目標，拒絕短期的急遽增長。在經營上專注主業，不做風險高的投資與財務槓桿操作，有幾分力耕幾分田，不常越級打怪，就可以降低失敗風險機會。

3. 專注核心能力

為了企業長久經營和健康永續的發展，不斷強化自身建設，培育企業的核心競爭力；在競爭的市場上，時時鞭策自己維持領先地位，聚焦領先的策略進行與執行成果。

4. 繼承佈局安排

企業家打天下得到了好的結果，建立了好的事業體，但人總是會老，也會面臨需要接班人來進行之後的維運。在第一代建立企業過程中，若可以及早的進行身後繼承佈局的安排，就可以提前訓練與挑選接班人，避開沒人可以接班的窘境，也可避免家族企業的接班風險。

5. 進行風險控制與管理

經營企業最大的風險就是：沒有風險意識。

企業做風險管理只是其中一個要件，規避可能的風險與控管，針對風險進行管理，才能走到長遠經營的境界。

6. 重視每個階層的利益相關者

處理好利益相關者的關係，例如：企業的員工、生意往來的顧客、供應商、所在地的地區行政機關、法人機構、營利事業機構等等，盡可能地維持每階層的利益相關者關係，讓人人有錢賺，成為互利目標，打造利益共同圈。

比古對今 太宗與群臣一番開創與守成熟重熟難的對話，雖然沒有定論。但延伸至現代企業的經營層面，這問題確實得慎重以待。創辦人篳路藍縷開創天下，讓企業得以壯大，接班人就得想辦法維持營運，讓企業得以生存延續，創造更多的歷史。以台灣一家以營造業起家，後來跨足電子工業的百年本土企業為例，創辦人建立起王國，在成長起飛後，經過百年，經過二代家變與培養不出接班人的情形下，台灣首批上市公司的子公司陸續中箭下市的消息一出，令人不聲唏噓與感嘆。

　　不管打天下與治天下，對國家或企業來說都是重要的，沒有先人開創，後人何來守成？有了開創先局，如何維持生存延續壯大，都是治天下扮演的角色。看倌們有幸參與其中，見證各種前人經歷的歷史，亦可幫歷史評斷看看草創與守成孰難？

1-3
任賢－賢臣與專業經理人

　　唐太宗是位手段相當高明的君主，深知治國安邦貴在「得人」之道理。在之前的篇章中，簡單介紹了幾位唐太宗身邊的賢臣，這些賢臣有幾個人是前朝（隋朝）和競爭者（政敵）所任用的官員，在太宗執政後，非但沒有排擠孤立這些人，反而反其道而行的給予尊重與厚用，也讓日後自己的執政局面大開大闔，造就了史上推崇與著名的貞觀之治。

　　舉幾個例子：唐朝諸相之首房玄齡。房玄齡原是前朝（隋朝）的官，官拜縣尉，後因事獲罪除官。在太宗執政後，有一次在行軍的路上和房玄齡相遇，兩人一見如故，將之延攬。玄齡喜遇知己，所以盡心為太宗做事，擔任了唐朝 15 年的宰相。此事也充分說明，若有明君讓賢臣懷才得以發揮，就會得到賢臣知遇報答之恩，鞠躬盡瘁。

再舉一例：魏徵原是政敵（太子建成）的人馬，在太宗取得政權後，非但沒有將其殺害，反而委以重任。之後魏徵每每給予太宗諫議，在政事的討論上，魏老也扮演著說真話的角色，讓太宗將不合規的政策收回，也避免了許多爭議決策影響自己的政治地位與歷史評價。雖說史料記載上亦有此一說：是太宗控制史官編撰對自己有利的歷史，但不可諱言，以當時的環境與條件，在史官的記載上，一定都是向著老闆（太宗）的龍毛（鬍鬚），誰敢逆著龍麟呢？所以在魏徵年老身故後，太宗留下的的三鏡說：「以銅為鏡可正衣冠，以古為鏡可知興替，以人為鏡可明得失」，就是在緬懷魏徵；也象徵著給予老臣最高的榮譽與追思，讓自己在歷史上更添一筆正向評價。

再來聊聊李靖，原亦為隋（前朝）的將軍，善用兵又有謀略。太宗將李靖延攬至身邊，先後做過刑部[1]尚書，兵部[2]尚書，後平定突厥，讓唐朝的江山大舉進到現在的內蒙古。太宗在當時有了滿朝能文能武的賢能將軍與大臣（專業經理人），難怪唐朝的輝煌成就，可以為後世留下佳話。

上述幾個例子告訴我們，賢能的前朝官員或是政敵、競爭對手的人馬，只要領導人敞開心胸，以誠以禮妥善且友善的相待，

---

1 刑部：唐朝政府組織，類似現代的司法部門，尚書為最高官職，現代為部長。
2 兵部：唐朝政府組織，類似現代的國防部門，尚書為最高官職，現代為部長。

將對的人放在對的位置上，讓這些人發揮專長，一樣可以獲得良好的成效，且有機會建立起更強大的執政團隊與帝國。

　　以國內首屈一指的半導體科技公司發生的案例來看，大將離開原本的團隊被延攬到其他團隊後，因為舞台變大變寬廣，也因為新團隊願意投資，讓大將充分發揮專長，最後演變成後來團隊的關鍵技術快速超越原來團隊的技術，也讓原來團隊出現經營危機，差點因此喪失在全球領先的地位。這就是很好的案例。若當時的領導人留得住這位大將，或許危機就不會發生，關鍵技術也會鎖在自己的公司內，亦可在市場持續保持領先的地位，讓公司經營不至於出現危機。在瞬息萬變的商場裡，競爭如影隨形，沒有進步就會被對手超越追趕，從領先變成落後，這點在佈局上不可不慎。

比古對今 現代的政府機構組織會出現因為更換領導人而造成人員排擠的現象，例如：總統換人就會內閣總辭；一般新的執政團隊，也會更換新的行政院長與一級部會首長。現代企業中有時候也是如此，通常發生在併購或新公司、新事業單位、新的營運團隊進駐與成立時，董事會招募、聘請專業經理人或是家族賢能之人擔任董事長、總經理等要職，無非也是要讓企業延續與壯大。但在人的環境裡，很常出現群聚結黨的現象，像是在政治圈裡，一旦出現「失誤」，就很容易會因事除官。而「常換將」在現代企業中並不是個好現象，畢竟賢才不易尋找，且若因誤會導致將才流失，甚至流入競爭對手裡，損失可就大了，說不定，好不容易建立起的商業帝國就會因此瓦解。

所以高明的領導人，要懂得善用人才，和唐太宗多學習駕馭人才的手法，讓這些本來不是所謂「自己人」的人馬，變成「自己人」，把天下的賢士都延攬在身邊，為自己貢獻一己之力，給予空間發揮，早晚有一天會創造屬於自己的「貞觀之治」與歷史。

1-4
君臣鑒戒與制度建立

在唐太宗的貞觀之治盛世中，「君臣鑒戒」和「慎選官員」這兩個環節相當值得討論。這裡先來談談唐朝的君臣鑒戒與部分制度的建立。

貞觀四年（西元 630 年），某天太宗和群臣討論著前朝[1]（隋朝）司法制度的濫刑、無法律保障是後世歷史學者公認著名的惡名昭彰。太宗常以隋朝的各種問題諮詢眾臣，希望從中能得到一些教訓與啟發。

在一次的君臣會議中，魏徵說道：「臣從前在隋朝，聽聞有盜案發生，煬帝下令於士澄[2]逮捕，只要有所疑慮全部抓來拷打。於是有兩千多人不堪酷刑，自我承認為賊，最後煬帝下令全數

---

1 前朝隋朝多為太宗討論的時代。
2 於士澄：隋朝官員。

斬決。當時的大理丞[3]張元濟覺得奇怪，細心的他，依照經驗研判可能另有內情。在覆查了全案之後，發現有六七人在盜發之日要不是在別的監獄服刑，不然就是剛釋放，但卻都因受不了酷刑自我誣陷；這些人中，只有 9 個人在案發當時交代不清行蹤，扣除官吏認識認為不會作案的又有 4 人，等於這兩千人中，只有 5 位真的有嫌疑。但因他的上級－煬帝已下令全數斬決，所以張元濟亦沒有往上呈報，全數斬之，官員顧頊與隋朝之苛政可見一般。

太宗聞言感嘆的說：「不但煬帝無道，臣子亦不盡心，為人臣子必須匡諫，不避殺身，豈能只行諂侫而苟求悅譽？」期勉諸公互相輔佐，令囹圄[4]常空。

太宗說道這番話，其實還有別的用意，就是希望臣子不能只知一味的聽令，就算知道政策是錯誤的，怕惹殺身之禍也不反駁和提出建議……如此循環就容易會產生錯誤的判斷和苛政。為了避免淪為和隋朝同樣的情形，太宗也開始佈局和思考，之後太宗便下詔：訴訟者若不服當省審判可上訴至東宮，由太子裁決；若仍不服，然後聞奏，由更高機關來審判。之後又下令行刑不可鞭打囚犯背部，避免五臟系統損壞，不死則殘；也避免因刑求而有冤獄產生。在當時君主有這樣的氣度、仁厚之心

---

3 大理丞對照現代國家組織約莫為現在的司法院秘書長等級官員。
4 囹圄：意即監獄。

與制度建立遠見，著實不易。這一年，根據記載：全年判死刑者 29 人，豪猾、盜賊銷聲匿跡，監獄常空，可見犯罪率低的盛世並不容易，除了在仁厚律法執行外，更需要君主身體力行關注且按規章執行。

比古對今 對照現代企業公司的治理，制度規範的建立亦是如此之概念，利用制度條文來定義規則，讓內部依規則作業，除可加速傳承降低錯誤或前人不適配之經驗判斷風險，另也因為有制度可循，減少決策錯誤進而影響大局機會。建立清楚的典章制度，最大的好處在於規則清楚，人人皆有權知悉、有義務遵守，不單是在掌權或少數幾個人的腦袋中，只要有人越過紅線，就可依照公布的規則處理，不會有因人設事之憾，也讓孰輕孰重、何可為何不可為之界線更為清晰。

另外，設立規範制度讓組織內的人遵循，也是可以避免同仁犯錯的好做法，有了白紙黑字的規則供內部參考，就可以避免踩線、制度殺人。充分的揭露資訊，也是降低溝通時間成本的做法，讓所有的人在相同的文字、數字下進行討論，拿著同樣的規章進行溝通，會遠比資訊不對稱的溝通來得省時有效益，亦可以避免東拉西扯、各說各話，以及各部門本位主義只為部門自身利益談事，如此定能大幅增進組織效率。

以現代的上市櫃公司為例，為避免淪為私人操作取款工具，受主管機關要求執行公司治理並需要公告治理政策；上市櫃公司為了可以在資本市場籌資，必須接受主管機關的監理；內部的制度規範、營運政策、財務績效都必須定時的揭露，接受市場檢驗；公開發行公司的治理，一定會架構在制度下進行……公告給組織同仁知悉，有了規則依循就不容易出錯，也會大幅降低管理上的風險與難度。這一切所有的管理手法與營運策略，都會為了創造利益最大化而努力；同時，也因上市櫃公司公開發行，讓投資人因為投資的公司治理制度透明而安心，讓資本市場秩序不致失調，國家也因律法、制度得以運作正常，制度規範建立可比如下水道與地基工程，是謂國之根本，不可不為。

1-5
慎選官員

　　除了前面談到的「君臣鑒戒」，在唐太宗的貞觀之治盛世中，「慎選官員」的環節也相當值得討論。

　　「慎選官員」部分，我們來探討「用人」和「盛世」的關聯。人與人之間的相處，會不斷的產生相互信任的作用，在相處的過程中，由於慢慢了解個性，彼此漸漸會產生信任感，也因為這一層的信任關係，加深了許多互信基礎，讓許多政策可以授權信任的人協助順利推動執行。當君主信任大臣時，此時臣子有了權力，若是濫權欺瞞，則國家便會開始走向衰敗；但若是臣子盡忠盡力，則國家將步入強盛。

　　在唐太宗的用人哲學中，不難發現，和現代組織文化相同，也有所偏好，其中和部分大臣的接觸，產生相當多的聯結。現代科學家利用歷史書籍上的數據，透過人脈網路化，觀察探討

太宗與哪些大臣接觸的多，哪些大臣則是較疏遠，讓後世的我們也可以來看看，是否太宗也是有「近朱者赤，近墨者黑」的問題；值得一提的是：在每段的關係中，複雜的人際網路被軟體繪出複雜的網絡，也讓我們遙想當年，有了更多的想像場景。

在唐太宗的貞觀之治盛世中，中國的學者研究貞觀之治史籍，統計出現的每篇章節，裡面的大臣名字出現的次數，輸入電腦後分析發現：唐太宗的偏好核心幕僚共有兩位，其中一位為房玄齡，另一位就是大家耳熟祥的魏徵，這兩位幾乎等於太宗的左右手；王珪、褚遂良、杜如晦、戴冑、蕭瑀、劉洎、長孫無忌、李靖等等，則位居第二層次；其餘大臣則是第三層次。也正因為太宗以房玄齡和魏徵為主要核心，兩位大臣又皆是正派有才幹之人，才有後來的貞觀之治盛世，所謂「慎選官員」，不得不佩服太宗的智慧與幸運。

一般在核心的信任圈中，多半會交辦許多事項讓「信任圈」的人來執行，原因無他，除了了解對方能力，更多的是信任感。所以擔任一級主管的臣子，更應該秉持信任與知遇的心境與態度，鞠躬盡瘁的為國家、組織貢獻一己之力，讓國家、組織更好；如果反其道而行，除了讓信任與欣賞自己才能的人失望，也會連帶影響組織載體的發展，甚至沉淪。

一般來說，領導人若在用人上有特定偏好，例如，只喜歡聽好話，就容易凝聚類似人格特質的人在身邊，久而久之便會發

現，身邊已經沒有說真話的人；若是喜歡驕縱享樂，就會發現聚集在身邊的人，也是屬於這種性格與特質。換句話說，從身邊聚集的人，也會看到領導人的特質與喜好。不過這樣的情形，通常是「當局者迷」，當事人是無法感知的，唯有透過用各式樣態的人來互相比較與抗衡，才會有客觀平衡的觀點。

所以觀察唐太宗的用人哲學與行為可以發現：他不喜歡諫臣魏徵的建言，但卻也常聽魏徵說，因此可以在太宗的身上看到一個管理特質，就是利用自己的弱點來加強治理，正視偏信、偏聽這樣的障礙，才能創造環境，讓組織氛圍健康。這一點也是身為領導人都一定要注意的問題，不要讓自身的偏好，形成組織的發展障礙，不偏信、不偏聽才會有更完美的團隊。

比古對今 對照現代的企業和公司，在組織的階層設計上，也出現許多類似的概念。以國內某零售上市公司組織圖對照比較，不難發現，核心幕僚與階層設計，也是這般設置，在董事長下轄總經理、副總經理、各部門主管，也有幕僚（經營企劃）單位進行指令傳達與工作進度跟催提醒和確認，透過這樣的組織規劃產出具體行為，再利用數字主導，讓溝通管道與方式順暢。有了科學化的數據當支撐與引導，各部門目標與看法一致的機會就會增加，

畢竟用數字溝通比文字溝通更有作用力與畫面，思考事情的角度也會不同；文字有時較感性，數字則是理性，利用數字目標做部門間溝通，除了有效降低溝通的人性私利、部門主義考量，執行公司事務也會更加順暢，讓指令傳達透過階層組織行為可以貫徹。

每間公司唯一的落差，則是組織載體裡面運作的人（君和臣），好的組織文化讓人才得以發揮、不拖延、全體目標一致的朝同一方向進行，沒有內耗；相反的，不好的組織文化，則形成劣幣驅逐良幣，部門間為了「防守」而內耗，光是溝通就耗去了大量的時間與心力。當然，也可能發生主管為了自保，隨時必須犧牲、切割部屬，或是組織成員若是個個皆以「反正不是我的公司、不甘我的事」的心態來做事，慢慢地，組織就會變成一灘死水，衰敗就會隨之而來。

從文化建立與養成就可以知道「慎選官員」的重要性，只要遵循此節的重點向唐太宗學習，相信企業盛世一定指日可待。

1-6
唐太宗之用人思維與組織管理

唐太宗創造了唐朝的貞觀盛世，所以他的用人哲學，成為後世史學家研究的標的。想要成就一番事業，沒有一起打拚的工作夥伴是辦不到的。

用人思維

在史學家整理唐太宗的用人哲學上，歸納出以下幾個重點：

1. 用人唯才

讓有才幹的人擔任官員，在各個官員的擅長領域上用人。

2. 選賢任能，不拘一格

只要有賢能，不管這人才是誰的人馬，例如：太宗重用魏徵（魏徵為太子人馬，在當時算是競爭對手的關係）。

3. 隨才委任，宗室、士庶並用

不管是不是貴族、皇親或是庶民，皆開放任用；不偏用宗室，這在現代私人企業來看，就是不只是任用家族成員。

4. 開科取士，廣攬俊彥

開放多科考試，廣納各領域的專才。

5. 兼明善惡、捨短取長

用人之長處不看短處，也盡量讓自己可以識人；知人難，難在不易盡知。

6. 人盡其才

用人難，難在才非所用。有些人明明只能做七分，卻交代九分的活給他做，就容易沒有成果；相反的，有些人的才能可以做十分事，就不要輕易的只給六分活，要讓賢才保有積極性。唐太宗有句名言：「為人君者，驅駕英材，推新待士」[1]，就充分說明，只要找到人才的價值，善用與驅動，造就成功。

7. 銓敘考核，黜[2] 濫陟[3] 賢：

針對官員進行考核、獎賞；辦事不牢的則罷黜，有才能的人獲得晉升。

1　出自《舊唐書‧蕭瑀傳》。
2　黜（音ㄔㄨ、，官員降等之意）。
3　陟（音ㄓ、，官員晉升之意）。

8. 鼓勵致仕 [4]，崇獎禮讓：

唐朝規定 70 歲為退休年齡，也知道屆退可能會降低職場表現（一般因年齡較大，精力衰減影響），所以鼓勵官員年齡到即退休，讓新的官僚體系同仁可以接替，也獎勵這種行為。

比古對今 對照現代大規模的企業，也有所謂的升遷考核制度，隨著每間公司的規模組織不同，而有不同的選人法。現代較具規模的企業選人也多數走向合議制，組織委員會來討論，讓參與的主管都經過裁量與討論，進行公正、公開的評選機制，讓企業用人不以個人為考量，而是以組織任務為導向。這樣的選人法，也比較可以選出適合的人來擔任管理角色，避免因為一言堂，過多主觀判斷導致錯失將才。

在職場上可以獲得升遷、晉階、加薪、接任重要職位，是多數在職場工作的工作人所渴望與爭取的，但是，要獲得晉升，競爭者之眾，談何容易？所以，我們必須了解這件事的本質，以「用人者的角度」來思考，需要怎樣的人來一起合作，創造國家與組織載體的興盛與壯大，才是在職場上可以雙贏的事。一方面了解組織需要甚麼樣的人才，自己是否有這樣的特質？另一方面也從主管（資方）用人的角度思考，

---

4 致仕：退休之意，唐朝官員退休年齡為七十歲。

若是自己來選人，自己是否會入選？然後截長補短，充實自己，掌握每次可以發揮表現的機會與試煉，持續的發揮努力，最後就交給時間與機緣了。總之，祝福所有在職場打拚的朋友，都能朝著自己的目標與理想前進，也得以獲得賞識自己才能的人賞識，一展長才，為組織與自己留下人生永恆的打拚印記。

組織管理

再來談談唐太宗的組織管理。

話說太宗繼位當上皇帝以後，開始建立制度規範與行政改革，其中一項就是精簡機構。太宗曾和房玄齡說：「官在得人，不在人多。」命令房玄齡併省與精簡中央官員。要精簡組織，向來是最難的事，但也因為皇帝的支持，這項政策得以做到。精簡機構，為唐太宗節約了政府開銷，降低營運成本，也替唐朝奠定了良好的基礎。在執行這個政策之前，唐朝的地方官府向有「十羊九牧」之說，意思是十個老百姓，就有九個官管，這樣大的組織結構，也替政府財政帶來莫大傷害。所以，太宗才會下定決心改革，改革後也帶來顯著的效益，造就了貞觀之治。

對照現代的企業組織，在公營機構比較會出現這樣的情形，在民選首長、民意代表關心下，就會衍生許多不在正式編制內

的組織人力，這樣的人力除了較不專業（非正式考試進入），也容易影響組織的氣氛與氛圍。若不做管理職與專業職還好，若是接任管理職，通常隨之而來的就是災難；這類人士也因為不是經過甄選而進入，不會愛惜職務，就容易有貪污腐敗情形。

比古對今 在民營的組織，也是會膨脹擴張和調整合併的，因應年度的目標不同，產生不同策略的組織調整，為了讓策略目標順利達成與超越，是一定得進行的過程。通常在組織的變革中，一定會遇到阻礙，此時領導者的決心就顯得相對重要，若有和唐太宗相同的決心，相信在變革過程中，也是會很順利的。

但企業執行組織精簡就是好的嗎？根據研究指出：精簡組織雖然立刻獲得人事成本的下降，可以更專注核心產品，但另一方面對組織的傷害也是很大的。首先是組織承諾的下降，留任的員工也會開始引發自願離職潮，流失重要人力資本；同仁也因在壓力下，請病假的人會變多，專注力和創造力也會下滑。因此，若發生在公開發行的公司，只進行組織精簡而沒有進行重組，股價和獲利是都會隨之下滑的。經營層面在考慮決策進行組織調整瘦身精簡時，這個議題不可不慎啊！

1-7
伴君如伴虎－
唐太宗的君臣關係

　　唐太宗李世民作為一國之皇，對於領導統馭，在歷史的定位上是很有一套的！太宗接受魏徵提倡「惠下以仁」之術，使用「寬法」，在《貞觀政要－論刑法篇》中有幾章說明太宗修正法律執行慎法寬刑之成果，例如：死囚需二日五覆奏，諸州三覆且可衿者奏聞；論法務寬簡，宜選公直良善斷案且訊於三公九卿……都是讓執法更為嚴謹且寬厚，不會一犯錯就殺身。

　　另外，太宗的幾種領導作為也令後世推崇，例如：「愛民」、「儉約」與「恤臣」。「愛民」、「儉約」就如字面上的意義，疼愛人民，節儉約束自己；但「恤臣」卻是最難做到的。「恤臣」顧名思義就是體恤臣下、關心臣下，太宗在這方面就做得很好！在《貞觀政要》裡有許多關心臣下的案例，如太宗關心考史入京辦公卻無固定住所，便下令為考史建造官邸，且親自在落成

之日去考察。另大臣魏徵、戴冑、溫彥博等人在臨終時，因家中貧寒無正堂祭奠，太宗便體恤地為其造廟造堂以倡廉潔之風。太宗常對諸臣說：「自己的使命就是關心、愛惜大臣，希望大臣能各盡至公，最終君臣保全，共為共治。」

　　唐太宗李世民其君臣關係，在史學家筆下的記載是唐朝裡最好的了。因為在當時封建皇朝的皇帝通常是高高在上，對臣子動輒就殺、不順眼就流放、生氣就罰，臣子完全不能反抗！這樣的關係當然是緊繃的，也只建立在「利」字上的。但太宗的做法就不一樣了，他把部屬當朋友，推心置腹；他常常利用下朝的時候和大臣聚餐、飲酒、吟詩，一方面聊聊國政，一方面聊聊家庭、生活，所以臣子們都很常和太宗交流，建立起更好的君臣情誼。

　　也因為在這樣的良好互動下，太宗記住了許多臣子的喜好，像是知名的大臣杜如晦喜歡吃瓜，在他因病過世的當天，太宗吃到了這瓜，太宗心裡記著這是杜如晦生前愛吃的，便命人拿去祭奠他。另一個是魏徵。魏徵在過世之前，太宗也是常常和魏徵交流與討論國政。在魏徵過世後，因古代禮儀皇帝不能去幫臣子送殯，所以太宗站在皇宮最高處目送送葬隊伍，也親自幫魏徵寫墓誌銘；皇帝親自幫臣子寫墓誌銘，在古代是非常少見的，也因為這樣的性情，讓太宗與臣子間有絕佳的君臣關係。

反觀現代企業，因為經營事業需獲利生存，因此講究數字績效、專案執行的時間……種種排山倒海的壓力下，還能夠做到體恤下屬的主管，在職場上實是不可多得的，就像稀世珍寶一樣。而一般可以做到「恤下」的主管，在領導統馭方面為人所稱讚，在管轄組織的員工流動率、組織績效與組織氣氛通常表現較佳。正所謂「人對了，事就對了」，能夠站在他人的角度來思考對方的困境，協助排除下屬的困難，才能為了組織大步前進，也是組織中最需要的人才。

其實，現代企業的管理，也不斷強化主管的「領導統馭」與「格局」、「組織願景」之功能，「恤下」並不是濫好人式的對部屬需求照單全收，而是針對部屬各面向給予關心，全面的理解部屬在各方面的困難，如：家庭、職場、學業、人際關係、交辦任務、財務等等方面，藉由「了解與關心」來達成「恤下」的功能。而了解及關心，則需主管身體力行與付出時間、心力來觀察所領導的團隊同仁所有的狀況。

身為主管要帶領好團隊，在「人」的面向下足功夫，就會帶動起團隊氣氛，建立雙向互動溝通、減少內耗，為組織創造如貞觀之治的良好績效。

比古對今 　不論是在哪一種企業類型，擔任主管或領導職的人，不妨學學唐太宗的做法，常常關心部屬同仁、聊聊近況、生活和喜好；在工作之餘也可安排吃喝聚餐，凝聚更好的團隊氣氛與共識，團隊也就比較容易有向心力。在工作場域中，若能像朋友或家人一樣的相處，即可為枯燥的公事或不如意帶來凝聚力量；遇到挑戰的時候，亦能齊力合作，讓困難得以盡速解決，也不失為組織之福，相信對自己所帶領的團隊或組織載體的績效上會有莫大的幫助。

1-8
唐玄宗之人事主張與用人思維

　　唐朝開啟開元之治的君主－唐玄宗，亦是一位備受稱頌的賢君。這位身為唐朝在位最久的皇帝，其在人事任用與用人思維上也是值得借鏡、探討學習的對象。

人事主張 ‖‖‖‖‖‖‖‖‖‖‖‖‖‖‖‖‖‖‖‖‖‖‖‖‖‖‖‖‖‖‖‖‖‖‖‖‖‖‖

　　話說玄宗當時決定任用了姚崇當宰相後，也開始執行建立制度的基礎改革工作。在姚崇答應出任宰相協助玄宗前，有立了後世稱「十事要說」[1] 的協議後才出任職務，而玄宗也放手讓姚崇執行新政。

1　十事要說：出自《新唐書列傳四十九姚宋》為姚崇請玄宗答應的出任宰相的十個條件。

首先姚崇執行的就是撥亂反正，建立制度、破除陋習。以往在各朝代都會出現不經吏部（掌管官員晉升、考核的部門）就可以擔任官職的「斜封官」[2]。多數這種官職的人，都是因為背景和關係而沒有經過實質的考核即擔任職務，所以很容易出現德不配位的情形，也導致出現許多陋習，畢竟不是靠實力與努力掙來的位置，很容易就腐化。當時玄宗身邊也出現了這情形。玄宗的二哥，拜託玄宗給自己的部屬從九品官晉升成八品官，其實以官職來說，九品和八品差異並不大。玄宗心想，是自己的親哥哥第一次拜託這事，之前也沒有麻煩過什麼，便先一口答應了。但人事令需要宰相簽署，經過姚崇那裡，姚崇不願意放行，就和玄宗報告：「皇上不是答應過我要杜絕此事來整頓吏治，怎麼自己破壞起規矩了？錄用官僚屬於相權，皇上不應插手，若皇上不愛惜官職，整天安排這些親朋故舊，那朝廷就沒有什麼綱紀可言，不就走上了之前的老路嗎？」玄宗覺得慚愧，於是回絕二哥。其他的皇親國戚看到皇帝連親哥哥想安排八品官都被拒絕，從此以後就不敢再往玄宗這裡走後門了。從這事件可以看出，玄宗對於政治上想要把國家治理好的目標是確定的，也很有雅量的納諫；而臣子也勇於和皇帝爭取，方能開啟開元之治的新頁。

2　斜封官：斜封官是指未經主管機關考核聘用的正式官員，是請下行機關放行的黑官，以現代組織比對，就是有背景但沒有經過考試認證專業即任職的人員。

比古對今 　現代私人的家族企業，較常出現「斜封官」的情形，多半是來自創辦人家族的人事命令。若這些皇親國戚懂得善用此優勢而更加謙遜與努力，定是組織中不可或缺的好人才；比較頭痛的是，自以為因為是家族成員而頤指氣使，又沒有實質才幹與努力，就很容易傷害組織，造成不良風氣，形成團隊高流動率與低績效產出。

　　有時創辦人在人事的安排上，也會考量各單位之間的平衡與聲音，身為共同打拚的所有團隊成員，在經營的過程中，也幫組織思考建立永續經營的基業與制度典範，在手中有權力的時候，更應該人人自我掌握界線，盡量避免讓不符合規矩的事情發生，尤其是備受爭議的斜封官之流。此舉也是為了讓自己所努力的組織茁壯，與陪同一路走來創辦人打拚的精神持續發揚光大、避免爭議，除能贏得掌聲與尊重外，也能樹立典範。關於這點，身為組織載體中的創辦人和團隊成員的主管要好好思考與了解，用人時，斟酌考量最根本的制度規範，才有機會讓基業常青，確保組織人才不會流失，讓載體更強大，建立屬於組織的「開元之治」。

用人思維 ||||||||||||||||||||||||||||||||||||||||||||||||||||||||||||||||||||||||||||||||||||||||||||||||||||||

再拿另一個玄宗和姚崇的事件來看玄宗在用人思維上的卓越之處。

有一天，姚崇拿了一批晉升名單要給皇上看適不適合，他在玄宗面前唸了一遍，玄宗聽完不說話，只是盯著天花板上的懸樑看。姚崇不明白其中道理，便開口問了玄宗意下如何？結果玄宗還是不說話，於是姚崇便惶恐的退下了。

看在眼裡的宦官高力士，這時便詢問玄宗：「皇上，為何不直接指示姚崇晉升名單好還是不好，反而不理睬姚崇呢？」

玄宗說：「姚崇被我任命為宰相，有大事和我商量，小事自己決定就可以了。這種任命五品官的小事，我幹什麼要插手管呢？」

聽到這裡，高力士就明白了，趕緊跑到姚崇家中告訴姚崇，詢問名單的部份不是皇上輕視不理，而是皇上對宰相的信任是百分之百的，丞相自行決定即可。姚崇聽完且解且喜，理解了玄宗的心意，日後行事心中更有定見了。不過，在這件事情上，也反映了相當程度的君明臣賢；君主有雅量讓姚崇決定，也知道自己什麼該管、什麼不該管（以當時玄宗接任 30 歲的年齡非常識大體），臣子（當時姚崇已年過 60）知道尊重皇帝，不敢專權、不倚老賣老，這樣的組合，就會讓許多政策推動上順暢不少也合作愉快，難怪會被寫入歷史讓後世學習。

比古對今　現代的企業組織裡，若主管專權，連芝麻蒜皮之事都處處表達意見做「微管理」，這樣的組織效率一定不彰，公司預計推動政策之決策緩慢且決策品質也不佳，在組織中也不會有人敢勇於負責。一旦大小事都要詢問主管，容易造成同仁鈍化、弱化，依賴感重，不敢做決定、負責任，久而久之養成習慣之後，就會演變極盡推拖之能事，降低產能與動力，也無法培育出可以獨當一面與接班的部屬。追根究底，主管要負最大的責任！

　　玄宗的授權，是在他認可的地方授權，而現代企業組織中，授權有時也等於「授責」，美其名是授權部屬負責，實際上一旦出事，就會切割，讓部屬扛下責任，這樣的授權，在從屬信任關係中亦是不佳的。身為主管、領導人，既然授權，就要一肩扛下所有的結果，抓大放小，優先關注重要又緊急之事，擁有這樣的氣度與胸襟，才是讓人追隨的榜樣，方能如玄宗一般，讓後世景仰。

1-9
武則天－
女性當政掌權表率與女性經理人

　　唐朝出現了中國史上第一位女性的皇帝，這人便是眾所皆知的武則天。武則天是唐太宗的才人[1]，太宗死後被迫在感業寺削髮為尼，後遇高宗才有機會還俗。

　　唐朝後宮的制度參考隋朝的體制，有「四夫人」、「九嬪」、「二十七世婦」、「八十一御妻」的內官編制。

　　四夫人的稱號指的是：貴妃、德妃、淑妃、賢妃；

　　九嬪指的是：昭儀、昭容、昭媛、修儀、修容、修媛、充儀、充容、充媛；

　　二十七世婦是：婕妤、美人、才人各 9 人；

　　八十一御妻是：寶林、御女、采女各 27 人……

　　也就是除了皇后，尚有 121 位有封號的妃子，但這並不包含

1　才人：唐朝後宮嬪妃編制

其他沒有名號的宮女。武則天在高宗去感業寺祭拜太宗時和高宗重逢，之後還俗即被封為昭儀，變成九嬪之首，可謂一步登天；之後唐高宗封武則天為皇后後，身旁就是武則天的陪伴了。

武則天作為皇后，對唐朝的貢獻也不少，雖正反兩面皆有評價，但以當時女權並不顯著的情形下，武后著實也設立了當時男女平權的典範。武后從垂簾聽政到直接參與政事，當時提出建言十二事：勸農桑、薄徭役，免除三府地區徭役；息兵，以德化天下；由皇帝提倡禁止浮華淫巧；節省經費，減輕百性負擔；廣開言路；杜絕讒言；王公貴族，皆習道德經；母親去世也要服喪三年；上元以前勳官已經任命無須追核；京官八品以上增加俸祿；文武百官才高位低者應當升官。這些建言在當時非常的全面，涵蓋範圍很廣，從官吏制度、內政、民生、經濟、文化、軍事等角度提出，也讓人看出她的才幹與高度，不是光靠臉蛋的嬪妃上位而已。

武則天在歷史上是唯一被寫入正史的女性皇帝，在從前那個皇權專制社會，能夠出頭已屬不易，更遑論要成為領導者。在這樣的背景下，武則天從才人到皇后再到主導國事成為武皇，這中間的努力和不為人知的手段，要從女性特有的特質「細膩」說起。

太宗時期因武則天有色（美色），故入選為才人，但後宮佳麗 3 千，怎麼也輪不到自己。太宗駕崩後，她就落髮為尼在感業寺出家，所以年少時期的武則天，過得並不順利；後因唐高宗至感業寺，兩人重新相遇後，想方設法隨高宗再入宮。永徽 6 年廢皇后就立武則天為后，自始開啟武則天的皇宮鬥爭生涯。

　　在從前的皇宮，並不是個友善的職場，想要在這職場立足，除了要了解上意，也要注意同儕之間的競爭。這樣的競爭，不是離職這麼簡單，有時候爭輸的人可是會離開人生舞台的，所以該打點和照顧的皆需面面俱到，也需要充足的人脈互相支援和掩護。另外，在這樣的場域下，很容易都用自己人（信任的人或家人），時間久了，就會讓資訊不夠充分，造成偏聽，進而衍生諸多弊端。

　　武則天對後世的貢獻，留待歷史評論，但不得不說在那個年代，可以上位，除了天時、地利、人和之外，自身的條件和努力，也是非常重要的。

比古對今 從現代企業組織來看，女性主管的比例愈來愈高，行政院性別平等處於 2019 年 3 月 8 日發表的新聞稿指出：台灣女性已在各領域嶄露頭角，政府機關、學校、事業機構中女性主管占比，從 15 年前的不到 3 成，增至目前的 4 成以上；男女薪資差異目前也縮減至 14%。顯示在現代職場中，女性已經撐起半邊天。以我所從事的零售業來看，女性的從業人員比例超過 6 成，前線女性門市管理職也達 6 成，在在顯示出女力當道這個現代現象。

女性主管在纖細、同理心與敏感人際關係、善溝通等等的特質表露無疑，成為企業中不可或缺的關鍵角色；女性已從輔佐、支援的功能，逐漸演變成決策、主導，與男性相當。很幸運的，在職涯中亦有許多傑出的女性主管、同仁並肩工作協助解決、面對諸多困難問題，在溫柔燦爛的笑靨下展現專業素養與堅忍毅力，我也趁此機會謝謝曾經共事過的女性主管、同仁，現代的職場中有「女力」真好。

相關補充： 女性勞動參予率與女性 CEO 的比例

根據勞動部的資料，近 20 年女性在教育程度提升、服務業就業機會增加及政府實施友善職場措施下，女性勞參率持續上升：101 年首度突破 50%，107 年續上升為 51.1%，逐年穩定成長；到了 110 年 7 月，平均來到 51.46%。

107 年女性勞參率於 25~29 歲為 91.8%，達到最高峰，爾後在婚育年齡之際（30~34 歲）即開始下降；109 年我國 30~34 歲女性勞參率逾 87%。

近年在友善職場措施下，我國女性勞動參予率已與美、日、韓等主要國家接近相同水準。另外，不少企業也開始聘用女性經理人為 CEO，根據 108 年勞動部的資料調查：女性擔任民意代表、主管、經理人員的比例從 97 年的 17.93% 共 8.3 萬人到 107 年的 27.86% 達 10.7 萬人，10 年間已經大幅的提高 10% 之比例。另外，根據勞動部 106 年「職類別薪資調查報告」中可以發現：女性在綜合商品零售業擔任高階主管（總經理及執行長）有 774 人，比例為 0.45%，顯見現在女力當道，已經是銳不可擋的趨勢，而我輩有幸，能見證這股時代洪流！

1-10
團隊鬥爭－
唐朝宰相宋璟的為官之道

話說唐朝時期有許多有名的宰相為人所稱道，其中一位即是宋璟[1]。

宋璟的為官之道，如何能在封建皇朝為官且身居要職又避免團隊鬥爭，實可作為我們後世職場借鏡與參考。想想以前的環境可是很容易就掉腦袋的，所以更需要謹慎且步步為營。話說宋璟這個人可是歷經武則天、唐中宗、唐睿宗、唐玄宗與殤帝等五位君主的領導洗禮，五朝元老依舊獲得重用，除了玄宗時期和姚崇齊名共稱姚宋外，宋璟本身亦是個剛直、廉能、自愛的好官，後世對宋璟的評價就是：以人為本、秉公執法、清正廉潔、剛直不阿。

「以人為本」：宋璟為官心心念念以百姓為主，體恤百姓。

1　宋璟：唐朝宰相，和姚崇齊名，史並列房玄齡、杜如晦、姚崇、宋璟為唐朝四名相。

宋璟在任廣州都督時見當地百姓多以茅草建屋，易導致火警與災損，便教導百姓建磚房，使得火災機率大幅下降；也保障了百姓的身命財產安全。

「秉公執法」：有一次皇后的父親過世，請求玄宗為其父建造五丈一尺之墓，玄宗答應了，宋璟勸諫玄宗，厚葬薄葬是簡奢大事，不可不慎！後玄宗接受勸諫，依尺寸建墓。

「秉公執法」：即使對象是自己的太太也不可循私踰矩，須遵循禮制與法治。

「清正廉潔」：宋璟勸諫玄宗不可奢糜。唐朝當時官員規定每年底需要進京彙報工作，這時許多官員就會搜刮民間寶物上京時順便賄賂京官。有一次調查，發現滿朝九品以上官員大多皆接受了賄賂，只有宋璟沒有，故深獲玄宗讚賞與信賴。

「剛直不阿」：宋璟不畏權貴，敢於犯言直諫，連皇帝寵愛的宦官人馬都敢得罪。皇帝有政策上的錯誤，勇於勸諫提供建言，也難怪所有的君主都給予肯定，最後讓宋璟官拜宰相，名留青史。

再來談談團隊鬥爭。在任何的組織或團隊中，都有所謂的「小團體」；一群人整天聚在一起，共同分享著彼此團體內的資訊，外面的人不好融入這個群體，這群體也不大接受進入的人，就像孔子所形容的：「群居終日，言不及義，好行小慧，

難矣哉。」但這樣的團體，在組織中著實也是從古至今都必定會出現，正所謂有「人」的地方，就有政治。

在唐朝的歷史中，也出現了許多這樣的團體，彼此為了上位奪權而存在著，其中最著名也讓唐朝走向衰敗的，莫過於唐玄宗李隆基後期的宰相李林甫與外戚楊國忠之間的鬥爭；一個是當朝宰相，另一個是因楊貴妃關係而迅速掌權的外戚，兩人水火不容，在朝中彼此鬥爭誣陷，造成滿城風雨而牽連多人，也讓後續的安史之亂揭開序幕，讓危機有機可乘。最終也因為鬥爭、奪權、貪腐、安排黨羽等多種傷害國家政體的行為，讓制度常規失序，走向衰敗。

**比古對今**　現代企業裡常見的團隊鬥爭有：不同的團隊彼此競爭著一個專案研發成果或是位置，造成團隊成員中彼此猜忌，進而不分享共同研發成果或提醒該避開的研發風險；或是團隊成員為了護主，彼此不合作，故意拖累對方進度，想要藉此打擊對方的領導人讓其出事，鞏固領導中心，成為上位的團隊……但這些舉動都將導致組織的利益受損，也讓工作氛圍變差，「不是誰的人馬」……話語，就會因此出現，排擠有才能的其他成員，最終導致組織流動率高，留下皆是逢迎拍馬之輩而無真才實學之人。

　　另一種團隊鬥爭形式，出現在組織聘任「空降主管」上。對既有同仁來說，空降的主管無法快速融入組織文化，也不懂組織的特殊語言、專業、背景等，不過是「外來和尚會唸經」，便先入為主的打定以觀望與不積極配合的態度應對。這樣的團隊鬥爭往往出現消極、政令難作為、執行力緩慢與負面攻擊等情況。為避免這樣的情形發生，建議需積極培養屬於組織的戰將與幹部，也要建立紮實、正向、謙虛的學習型組織企業文化，避免閉門造車、以管窺天還沾沾自喜等井底蛙的情形。

　　一旦企業體面臨內部只為私利而鬥爭，績效必受拖累，且恐淪為被對手超前與殲滅的歷史塵埃，領導者不可不慎、不可不防、不可不知啊！

唐朝的開元盛世，因為「人」的因素而打下
穩固根基，但這當中若無深厚的經濟條件做
基石，也難順利運作。
且看在不斷變化的環境裡，領導者如何擬出
各種經濟建設應對之策，追求國家之生存與
成長。就讓我們穿古越今，學習中國古代的
管理智慧，開創屬於你的未來盛世吧！

第二章 總體經濟環境

2-1
總體經濟—
唐玄宗經濟思想與實施措施

　　唐玄宗身為唐朝其中一個盛世主角，他的治國方略和思想，也是值得我們來學習與研究的。唐玄宗的經濟思想與措施，在他帶領唐朝的期間，後世稱「開元之治」，其當時國力之鼎盛為後世留下千古經典。

　　盛世的首要條件就是要有很強的政治、經濟、軍事、國防表現。當時唐玄宗在經濟上執行了以下的政策：

1. 食為人天，富而後教

　　自古以來民以食為天，百姓餓肚子什麼政策都推行不下去了，所以一定先重視民生問題。解決食的問題，提高生產效率，讓百姓不用挨餓，有了飽腹之後再來談道德教化。做為讀聖賢書的君主，也不乏被孔子的思想引導，讓百姓可以被教育，但先決條件一定是要在「吃飽」和「富足」的情境下進行。

2. 清靜無為

玄宗崇尚道教，推崇老子的思想。這裡「無為而治」衍生的是指君主的修養。無為崇高的境界是達到少私寡欲，無事好靜，清淨致富的思想；慾望少了，就不會盲目追尋目標導致必須增稅、征戰，這樣即能基本維持在最簡單的生活方式，減少花費，最後就會促進國力進步。

3. 農桑為本

古代以農立國，生產足夠糧食、紡織品才能滿足人民吃穿的需求，故所有政策皆是以農業生產最大化為原則。玄宗強調不失農時、不妨農事，以一家一戶的小農經濟根本出發，既是生產單位又是消費、繳稅單位，讓農業生產透過政策執行可以達成最有效益之目標。

4. 免徵正賦，隨土收稅

不便於民的賦役可以變通。玄宗進行了稅賦改革，讓人民的負擔不致於變重；免除不必要的勞役，讓農事生產擴大。

5. 興修水利、貨幣改革

興建水利工程讓灌溉系統優化，農地獲得有效灌溉就會增加生產，提高生產收入。貨幣改革部分由於手工藝工業發達，鑄幣工業亦獲得了提升，降低了劣質貿易流通而改善幣制。具體來說，玄宗執行了增加銅礦、提高工資、加置錢爐等貨幣改革措施，讓銅礦生產大幅提升;銅礦產量大增,雇用的工人就增加,

勞動生產力增加，國力就自然日漸增長。

現今常用來衡量國家總體經濟指標的稱為 GDP。所謂 GDP（Gross Domestic Product）國內生產毛額，是以一國之國境、地域性為基礎，計算一個國家在特定時間內（一季或一年）經濟活動產出的產品或勞務的市場價值總額，這樣的指數，顯示著這個國家的總體經濟概況。所有的執政團隊，都會以此經濟指標來衡量執政的優勝劣敗績效，畢竟，沒有經濟就會丟失政權。

對比玄宗時期的手法和現代的政策在幾個部分來比較：

•農桑為本

在從前以農立國，現代的國家總體經濟通常不會是由農業所貢獻，但整體政策發展方向一定會向可以為國家帶來大量 GDP 的產業傾斜，針對為國家帶來產值的產業進行各項優惠與提供條件，創造出較利於產業發展的環境（水、電、土地、稅、環評、人力、法規調整等等）。

•興修水利

可以延伸為重大建設，例如：交通。有了交通建設才可以讓國內產值迅速流動，讓運輸效率極大化。

•貨幣改革

擴大就業人口、提高工資、讓失業率下降、整體國內消費循環變高……創造貨幣流通價值，每次的消費都創造了效用，對

於經濟的貢獻就會被列入計算，成為該國的 GDP 數值。

　　當然，一國的總體經濟，不能單以 GDP 指數為衡量指標，還有許多不同的衡量，本文只是以 GDP 為例而已。

比古對今　　對照現代企業，許多公司評斷大小則為營業規模，有了營業額的支撐，是一個很外顯的強盛指標。在全球的企業排序中，通常衡量指標皆為營業規模，以營收角度進行排序；企業進行談判、併購、擴張、招募、營運等措施，都需要以業績為基礎進行思考與計算，所謂「業績治百病」即是這個原理，企業所有的策略執行，換回成營收貢獻，維持營運與生存，在現今的市場中脫穎而出，分配市場利益，是企業的使命與宿命。

　　商業的本質就是競爭，但在競爭中，不使用違法手段，也同步思考環境、排放、人文、教育等 ESG[1] 議題，讓經營得以永續，基業可長青。

1　ESG：為聯合國全球契約（UN Global Compact）於 2004 年提出，分別為：環境保護（E，environment）、社會責任（S，social）和公司治理（G，governance），被視為評估一間企業經營的指標。

2-2
財務政策影響

　　在任何的政權、公司、組織、家庭……財務（金流）永遠是維持營運的首要條件。治國和治理公司相同，皆需要有健全的財務制度和稅收（營收）來源，才可以讓組織這個載體運作。現金流的重要性就像是身體的血液一般，要維持營運，也要首重財務現金流。所以，要讓組織可以順暢維運，財務健全是首要。

　　唐朝在太宗李世民貞觀之治後期與唐中、晚期，也出現了財政的亂流。唐初依西漢、南朝、隋朝授田制度執行「授田制」[1]，每戶男丁分得 80 畝露田（又稱口分田，此類田地身後需繳回）與 20 畝桑田（又稱永業田，身後不需繳回）；女戶可分 40 畝露田。試想：政府在人民出生後分配土地給人民耕種，除了需

1　授田制：唐朝執行的均田制度，政府分配土地給人民耕種。

要大量的土地來分發，戶籍制度建立也非常重要，記錄不完全或是無地可分，就會導致混亂。當時因行政效率低下與戶籍建立崩壞，政府漸漸已無田可分，民間有田的人，逃避戶籍擁有私有田地再轉為私賣，造成後期財政困難、稅收減少。這種制度必須把戶籍和土地的數據非常精準的掌握，就因為行政效率不彰，導致兩項重大的數據政府無法掌握，財政就會不健康（沒有稅收）。

後來有此一說，武后當政後，執行重農、興水利、賜土地、免繇役的政策，由於武則天父親是商人，深知關津[2]的影響，在西元 703 年，批准鳳閣舍人崔融《諫稅關市疏》免除了內地關津稅，此後關津定位為對外的貿易關稅。廢除了這個制度以後，從此民間創業自由，百姓開始為自己努力，尋找每一分自己的銅錢，開啟了唐朝商業的發達，讓各行各業因此興盛。

所有的善政，必須先讓黎民百姓溫飽、國家富強，讓所有人都有賺錢的機會；治國之道，也須滿足庶民的需求，高明的執政者，會優先往這個方向前進。這樣的設計，和大前研一在《形塑生活者大國－大前流心理經濟學》一書中所倡議的「單一稅率」制頗有異曲同工之妙，大前主張政府應該實行單一稅率對人民進行課稅，若是採用累進稅率制，就會造成所有人開始「隱

2　關津：商人賣商品必須繳給政府的商稅，類似於現代的營業稅，每開出一張發票繳納 5% 稅額。

藏財富」，畢竟要被課多餘的稅，依照人性，當然要隱藏，不然自己的努力就會被政府收走。使用單一稅率制，在相同的稅率基準下，賺的愈多，繳的自然也會增加，是一個擴大政府稅收很棒的方式，這點也值得我們的政府借鏡參考修正目前的稅賦制度，讓社會更公平。

比古對今 對照現代企業組織來看，公司組織稅收的部份就像是營業收入，沒有營業收入，公司也無法生存，無法執行田地（薪資）的分配，也無法撐起龐大的運作體系。組織的管理者，也必須先從可以創造黎民百姓溫飽的政策來推動，才會有善的現金流循環，創造源源不絕的財富。

所以為政之道，首重民生即是此道理，在創造業績的同時，執行嚴謹的財務管理與壯大生財之道，才是組織管理者的首要任務！財務規劃對於公司組織來說是非常重要的安排，一般的投資專案，在評估 R.O.I.[3] 與營運現金流時，一定要注意投資專案的 N.P.V.[4]，利用幾個評估方式來進行投資案風險

---

3 R.O.I.：即投資報酬率 Return On Investing 之縮寫，用來計算投資和報酬的關係。

4 N.P.V.：即淨現值 Net Present Value 之縮寫，一般公司之財務管理評估專案導入需進行淨現值評估，若淨現值 <0 則不適合進行此專案投資。

與收益。一般評估法較常使用的是：The Payback Method[5] 法、I.R.R.[6]法，或是 Discounted Payback Period[7]法來進行整體評估，謹慎地進行任何資本支出的投資，避免公司陷入營運風險。

有些企業經營者為了不讓經營成果透明，將基本的財務數據矇蔽，導致經理人無法依照損益決定策略，或是驗證策略是否成功……這樣的作法看似安全（因為營業機密掌握在少數人手中），實則非常危險。沒有數字決斷的策略，會讓組織充斥浪費，因為不知道財務數據，花錢不手軟，該節省的不知節省；也因為沒有財務數據驗證經營成果，存在著非常多無所不用其極、只要衝刺「營業額」不管「利潤」的目光短淺做法，久而久之，大家都對數據無感，伴隨而來的就是災難了。公司組織的糧倉（營運現金、財務制度）是不容許隨意破壞的，否則沒了重要的糧草，離崩壞就不遠了。

5　The Payback Method：還本期間決策法，直接預估需要多長的還本期間，為企業最常使用之決策法；使用缺點是：任意設計還本期較無理論基礎，適合短期投資評估。

6　I.R.R.：即內部報酬率 Internal Rate of Return 之縮寫，一般 IRR>Discount rate（折現率可延伸視為目前央行利率當作設定）則接受專案，反之拒絕。

7　Discounted Payback Period： 即折現還本期法，一般折現還本期低於公司目標還本期則接受專案；但此法較不普遍，因計算上不如 NPV 法來的容易。

2-3
政策管制－
唐朝金融制度改革啟示

　　以唐朝金融財政制度為例，唐朝在官業收入有幾個部分：

　　一是「鑄錢」。在當時法令，鑄幣是政府才可為之的，是國家的獨占事業，一般民間是不許私自鑄幣，避免擾亂金融市場。

　　第二是「屯田」。古代以農立國，有了田地才能生產供軍需，使國家財政充裕；後設置屯監官職進行管理。

　　第三則是「稅商」與「借商」。稅商的概念像是商人為了從商賣物使用公有物後需給付的報償。借商則是因應國家財政上的緊急需求和百姓徵收，事後應該還給商人；不過事實上就是一種掠奪的稅收，從來沒有還過。在當時另有國家專賣的鹽、鐵（礦業）等專賣收入，只有國家層級的行政機關才可以進行販售買賣，因為鹽是人體所必需，故製鹽專賣工業鎖在政府手上藉以增加稅收，則為當時充足國庫的手法之一。

在太宗時也建立了不少的「官手工業」：一是普通手工業，為皇族和地方官製造生活日用品；第二是冶鐵業，冶鐵負責鑄造錢幣和兵器；再來則是建築業，負責建造皇室和地方工程，這些行業多是政府機關壟斷經營權、獨斷經營，與民爭利。官手工業的原料來源是民間，且又徭役人民進行生產，也就是大做無本生意。

　　到了玄宗執政時期，李隆基深刻了解到「所有善政，必須讓天下黎民溫飽；治國之道要先滿足庶民的需求；國家富強，必須讓所天下人都有賺錢的機會。」於是宣布放棄皇家所有山川林澤獨占之權，也裁撤了近9成的皇室官直屬產業，開放鹽、鐵、茶、酒專營，解散了多數的屬於皇室的手工業作坊，這樣一來，避免了多數賺錢的行業由官方獨斷經營。此舉令商業風氣大開，也讓民間存有不少財富，創造了開元之治的契機。

　　可見商業開放的政策鬆綁，對國家的財政有多重要，只要人民有錢，稅收不愁，國家才有持續運作的動能。現代的企業在進行商業交易時，常常會遇到所謂的「政策鬆綁」問題，在政府的政策白皮書或是執政方針中，會確立進行培植發展的產業與方向。以我國為例，長期以科技業為培植發展對象，護國神山之半導體等科技產業也孕育而生，為我們創造許多工作機會、稅收及世界能見度，所以政策制定有時就決定產業的未來發展可能。以近期有中資背景的企業，如愛奇藝、淘寶台灣，因為

被認定是中資而被迫罰款改善甚至歇業為例,「政策」的影響,會讓企業無法在該國市場生存,政策影響深遠,所有的經營成果,都逃不了政治的管理。

比古對今 許多的企業體政策都存在著「過度管理」問題,想要避免錯誤或出事,就用更多的箝制來限縮,導致更多的創新模式無法順利進行,也讓我們在國際上的競爭力下降。舉個例子來說,目前國內設定單日實體 ATM 非約定轉帳的轉帳金額有新台幣 3 萬元的上限,就因為擔心「被詐騙」或是「金融犯罪影響金融秩序」,而限縮單日轉帳金額,這樣的管制,也讓許多需要較高金額轉帳的人必須分批轉帳,在銀行端可以收到分批轉帳的手續費而高興,但轉帳人則因為超過 3 萬元而必須支付兩筆以上的轉帳手續費。但若思考「轉帳」本質,不就是為了要快速或節省排隊時間嗎?過度的思考「保護機制」容易導致產生「媽寶」,某些產業無法持續擴大發展,不就是最好的寫照?

企業為了生存,依照執政團隊的政策執行,也為市場限制了緊箍咒,當然政策保護有助於國內企業,但在相同的交易環境下,要取得同等地位的貿易條件,確實是國際政治現實,企業經營者在總體環境分析這塊,一定要謹慎應對,進入市場前後謹慎評估,並保留後路,才不至於影響太大,導

致企業無法生存。

　　另也要對政府喊話，商業的本質是透過交易互蒙其利，創造社會更好的環境，也讓人民得以維生，市場上有資本家也有勞工，這樣的運作，架構起綿密的社會組織，如果可以讓商業發展得以更簡便、過度保護的情形更低、放手讓企業在創新思維和國際接軌的環境，幫我們獲取更多資源與利益，不也是一絕佳的發展趨勢？！

2-4
商品經營之唐朝
對於外銷貿易商品的佈局

　　唐朝對於外銷貿易商品的安排，較為著名的即是紡織品和陶瓷器；著名的唐三彩，就是陶瓷頂級表現之濫觴。雖唐三彩當時是陪葬物品設定，然它以黃綠白為主的施釉工藝，亦是可以流傳千古的曠世巨作。另外，還有出口絲綢、五金、進口珍珠、檀香、玳瑁、犀牛、象牙等奢侈品，以及香料、藥材等珍貴物品。唐高宗時期顯慶六年（661 年），在廣州設立市舶司[1]，專門管理海上進出口貿易，其對外商品交易之熱絡及繁盛可見一斑，當時的手工藝技術，也讓唐朝的經濟獲得充實。

　　貿易通商除了可以將國內的頂級工藝品外銷，也可以創造流動的商業環境和可以獲利交換的空間；跨國的貿易，除了宣揚國威，也是讓工藝和財富流通的好方式。依照國際貿易理論

1　市舶司：主要職司各海港海上貿易管理之機構，相當於現在的海關。

中，有個基本的概念是比較優勢（Comparative Advantage），意思是每個國家生產產品時會有不同的優劣勢，每個人可以多生產自己較優勢的商品和別人交換對方優勢的產品，這樣一來，兩國之間就可以充分利用自己優勢，國民福祉也會因此提高，

現代的企業若需要進行擴張或是要進入市場，一定要先了解市場的總體經濟環境變化與數據，以用來規避風險。一般要進行環境分析，需要先進行所謂的 STEP 分析；這個分析包含了 4 個面向：

1. 社會（Social）

在社會層面上關注市場的種族、文化融合、社會氛圍等等狀況。

2. 科技（Technological）

科技部分觀察進入市場的科技使用狀況，例如：網路覆蓋率、基礎建設等等。

3. 經濟（Economic）

經濟部分觀察目前的經濟實力、世界排序、使用幣別、匯兌的狀況。

4. 政治（Political）

政治部分則觀察執政黨是否清廉、有效率，進入市場是否常因為「政變」導致政策常轉彎，或是強人政治領導風險。

利用這 4 個面向觀察與分析，讓對外貿易在相對充分的調查後降低風險的進行。

另以行銷學領域來看，商品的製造與經營是一間公司的根基，有好的商品就可以讓市場大開，業績開出紅盤，我們常聽到哪些明星商品又熱銷了多少業績……就是這個道理。

比古對今 在製造業中，生產出好商品後銷售賺取利潤，就是普遍製造業的商業模式。以零售業來看，因為不一定有生產與製造這環節，也因為多數販售的商品是買進賣出方式，進貨後增加想要賺取的利潤再銷售模式，提供的是場域與加值服務，如何創造、引進特色商品和打造價值服務鏈則是通路的競爭力。此時 F.B.O.[2] 的商品引進策略，就是這個通路吸客的競爭力。商品的選擇一定要爭取時效，在競品沒有引進前要導入，在眾多比較中要突出、品質或 CP 值[3] 要最棒，或是在市場上是獨家、唯一販售……有了這些商品條件，就可以打造出極具競爭力的販售條件，成為市場中的贏家。就像唐朝當時的貿易盛況，充滿著讓後世景仰的能量，商品力除了可以讓組織載體能夠持續領先外，也可以讓顧客掏錢。

---

2 F.B.O.：即 Fast 最快、Best 最好、Only 獨家。
3 CP 值：即 Cost–performance ratio 性能價格比。

一般業者在商品上會有甚麼操作與販售步驟呢？以零售業的操作案例，其流程如下：

廠商提案新商品販售→社內同仁試吃、試用、評價、比較→進行遴選試賣→透過小區域的試賣，進行數據撈取與驗證確認→擴大販售。

一旦決定擴大販售時，便要確認產能、貨源、配送、零售通路需求量等等這些細節，之後新品便可以準備上市等待顧客評價；若銷量大好，後續廠商除了加量、搭配促銷，更要持續創造話題讓商品延續熱銷度。

通常熱賣商品有幾個特徵：

1. 商品獨特

商品在市場上沒有其他競爭對手，獨特的設計、口味、價格、用法、本身是不太常見，此類商品通常有話題性，就可以創造產品的熱銷。

2. 商品稀有

商品本身若是服務性、精緻手工業品、產量很少有收藏價值，例如：全球限量的跑車等諸如此類商品，就容易熱銷。

3. 商品話題

熱賣的商品討論度高，不管是網路討論、顧客間的討論，都可以延伸商品的話題，有了討論熱度和流量，「爆款」就不遠了。

好的商品，可以確保組織載體處於不敗之地，亦能持續的創造利潤與工作機會，所以在「商品力」建置的部分，所有的組織載體一定要特別的注意與著墨，方能讓組織獨占鰲頭，創造獨特的生存方式。

　　不過，要維持持續的領先，商品的不易複製性、特有性也是重要的一環，否則若容易複製，很快的商業模式就會陷入紅海[4]（價格競爭）世界，容易產生經營危機也降低獲利空間，不可不慎。

4　紅海市場：是指已經發展成熟與競爭激烈的市場，因競爭者眾，廠商通常需要以低價競爭，導致血流成河的低獲利。

2-5
國力與競爭－
唐朝安史之亂影響人口推移

　　唐朝的國力發展在唐玄宗時期達到高峰，人口數亦是史籍記載之最高。以唐玄宗在位期間，用人口數來比對國力可以很明顯發現，天寶元年間的玄宗，當時已 57 歲，到天寶 13 年（公元 755 年）的人口數都還有成長。但安史之亂（公元 755~763 年）後，此時玄宗後期人口數已大幅衰退，顯示國力大幅下降，直至公元 764 年玄宗駕崩，人口數已掉到 1690 萬人，戶口數也降至 293 萬口，和天寶元年（公元 754 年）最巔峰期相比，少了 3.11 倍，戶口數也減少了 3.03 倍，整個國家戶口人數因為戰亂影響只剩 1/3。由此即可發現，國力有多嚴重的衰敗！

　　唐朝國力開始走下坡，一般史學家的認定都是以「安史之亂」作為國力衰退之分野。在安史之亂之後，由於戰事造成人口大量流失，經濟狀況開始疲弱，以唐玄宗在位期間，用人口

數來比對國力可以很明顯發現國力已大幅下降，從前封建社會以務農為主要產業，沒有人耕種田地，就沒有糧食，也就沒有稅收和經濟，動亂後的唐朝，也就因此漸漸衰退，種下後來覆亡的種子。

人口數在國力的判斷上，占了很重要的一環！在現代國家排序來看，人口數和各指標息息相關，有了人口才有勞動力，所以我們常說的出生率下降會有國安與經濟危機就是這個道理。

要了解一國的經濟狀況，首先要大致有個總體經濟學概念。在總體經濟學裡說明勞動力可以提升 GDP[1] 潛能，而 GDP 的消長，被視為是一國家重要的經濟指標；勞動力和人口數有極大的關係，GDP 潛能的增長和勞動市場均衡有關，一般來說，可提供勞動時數愈高，實質 GDP 亦會成長，也就是人口數愈多，可提供勞動時數愈大，實質 GDP 就會愈高，在充分就業下，國家的經濟發展就會成長，成為發展的經濟體。

現代大規模企業裡的「雇員數」也可以視為是一間公司的「經濟實力」，以製造業動輒上萬的員工數，顯示的就是生產製造的實力，而這些勞動時數，都可以貢獻成自己公司的營收，和總體經濟學國家組織所做的 GDP 指標相當。

1　GDP（Gross Domestic Product）國內生產毛額：用來計算特定期間生產最終貨品和服務市場價值總和，為衡量國家經濟力之指標之一。

大企業公司和國家對照，概念即是如此，所以一般我們看現代所謂的「大公司」，除了營收外，雇員數也是個指標。另外，要看的就是公司投資的能力，以台積電為例，2021 年的資本支出設定在 250~280 億美元（以 2021 年 9 月匯率一美元兌換約莫 27 元台幣計算，此支出約為 6,750 億至 7,560 億新台幣），就可以知道投資實力有多強；對照 2021 根據 IMF[2] 統計全世界國家 GDP 的資料，台積電可排在 170 名左右；也就是說台積電光資本支出的規模，就已經在全球國家的統計排名中，超越許多小型國家的 GDP 水準。說台積電規模「富可敵國」一點都不為過啊！

比古對今

對比現代的企業來看，企業的組織規模大小與市占就如同國力的縮影一般。企業在市場上攻城掠地，雖不若從前封建帝國動輒發動戰事殺戮，但也是槍來刀去，競爭相當白熱化，一旦公司營運不好就會被別的公司併吞。商場上，處處是戰爭。

企業（國家）本身競爭力（國力）衰退，就容易造成外侮（併購、下市）的情形出現，因此，為維持競爭力，企業絕對不能忘記思考與佈局。

2　IMF（International Monetary Fund）國際貨幣基金組織：此組織由 190 個國家組成，主要為促進全球貨幣合作與確保金融穩定。

許多企業為了不斷提升競爭力，通常會有幾個戰略層面：

1. 人才面向

維護組織內優質人才，提供更好的環境、待遇。以人力資源政策來留住人才維持競爭。

2. 商品面向

讓自身商品競爭力維持在最佳狀態，只有在市場上處於領導地位，才能開創規格與議價能力，力於不敗之地。

3. 價格面向

利用價格的優勢維持競爭力，讓顧客甘心掏錢買單。

4. 規模面向

企業的規模，如：通路商，就會聚焦在拓展通路規模上，以領先市占，除了享有建制規矩（供應規格）的優勢外，也可以壓縮採購成本，讓企業經營有更好的效率與成本控管。

經營事業就是戰爭，和封建皇朝時期相同，要有好的人才、好的策略與執行力來維持競爭力，方能讓國力（企業）立於不敗之地，建立永世營運基石。

2-6
唐朝安史之亂的影響－
企業競爭的省思

　　一個國家的國力衰退，除了典型的經濟指標，從前的封建社會，亦會觀察人口數，前一章我們談過唐朝國力走下坡，用人口的減少就可以知道。在安史之亂之後，由於戰亂造成人口大量流失，天寶元年和末年人口數比較僅剩 1/3，經濟狀況開始蕭條疲弱，因為戰亂導致大量的人口流失，影響整體國力經濟的情況可以想見，當時的唐朝可以說是風雨飄搖，隨時處在危險的「滅國」邊緣。

　　同樣的，現在企業體一定要擁有高度的競爭力，方能屹立不搖、歷久不衰。這裡分享其中幾種企業維持競爭力的做法，或許可供企業主參考，轉化為自身企業可以永續經營的策略：

1. 專注本業

　　企業維持自身競爭力最重要的就是專注本業，以國內首屈一

指的護國神山台積電來談，核心競爭力強項在晶片的先進製程，其獨一無二的製程和設計能力，維持本業的不可替代性，對於核心競爭力是不可以輕易改變的策略，否則就容易衍生毀滅性問題。

另外對於上市櫃公司，若要觀察公司是否聚焦經營「本業」指標，可以翻開財務報表中找到「營業外收入」的數字。若是營業外收入的數字大於營業收入很多的時候，代表著公司其他的收入比較好賺，本業的經營就相對比較弱勢了。日本最古老的公司金剛組，就是專門承做寺廟建築的組織，專注本業的經營，讓這間公司存活了 1400 年，成為曾經是全世界最古老的家族企業，足見專注本業的重要性。

2. 擴大領先差距持續注資

為了拉開和競爭對手的差距，企業會在相關領域不斷的投資，藉以拉開與對手的差距。以物流業來觀察，投入建置倉儲基地拉開與對手之間的差異，就是很明顯的例子。近期的國內指標電商營運，也將「擴大物流倉儲面積」視為競爭門檻與考量，一旦完成基礎建設建置，除了更有效率的服務顧客外，也可以建立領域內護城河，不讓對手輕易跨越。

若要在上市櫃中觀察是否公司有為了擴大領先持續注資，可在財報中觀察「資本支出」或是「研發費用」這兩個科目，是否有因應營運成長而逐年增加，就可略知一二。舉例來說，

Alphabet（Google 母公司）這間公司的研發費用長期在 15% ～ 16% 之間，2021 年以台灣的上市櫃公司來看，研發費用最高的為台積電 1086 億居冠，第二名為聯發科達 474 億，這些在其市場領頭的公司，為了保持領先地位，對於研發費用的投資都不手軟。想要拉開和對手距離，持續性的注入投資研發絕對是關鍵領先之道。

3. 投入行銷資源

行銷在企業維持競爭力的努力上扮演相當重要的角色，好的商品更需要有好的包裝來販售。利用行銷除了可以讓商品更有價值，也讓企業的能見度更高，這裡引用「行銷」一詞，泛指所有在行銷學或相關領域所有適用的 S.T.P.[1]、行銷 4P[2]、C.R.M[3] 等基本行銷概念與理論，利用行銷建立競爭優勢，也是現代企業常用的操作手法。

4. 擁抱科技

科技的進步讓現代企業在競爭中可以因為有科技的元素，變得很酷炫、很快速、很新穎；也可以因為科技降低許多人為操

1　STP：為美國行銷學者溫德‧史密斯（Wended Smith）於 1956 年提出，後由菲利浦‧科特勒（Philip Kotler）進一步發展完善此理論，S：Segmentation 市場區隔，T：Targeting 目標市場，P：Positioning 產品定位。

2　行銷 4P：美國密西根大學教授傑羅姆‧麥卡錫（Jerome McCarthy）於 1960 提出，分別為 Place：通路，Price：價格，Product：產品，Promotion：促銷

3　CRM：意指 Customer Relationship Management，CRM 是以顧客為核心的管理方式，由 Gartner Group 顧問公司所提出。

作的疏失，降低風險；也因為科技，實現了許多年前我們不敢想像的事情，就像伊隆‧馬思克的 SpaceX 公司，實現了帶非專業訓練的太空人可以進入太空旅程的實踐一樣。科技的進步，創造了許多未來想像實現，企業要維持競爭力，擁抱科技是絕對必要的。

5. 打造團隊

團隊永遠是最重要的事！企業經營不能靠個人單打獨鬥，一定要有一群志同道合的夥伴一起努力，打造經營團隊，凝聚共識一起邁步向前；這樣的目標追求感，會讓團隊成員有方向、願景。因此，建構一個團結、有夢想的團隊，是企業維持競爭力歷久不衰的重要工作。

比古對今

從前歷代的鄰國侵略戰爭是不斷在各朝代裡上演，唯有強大自身國力，江山方能保有千秋萬代。若比擬現在的企業競爭。在資本市場上，企業需要持續不斷擴張壯大，才能保持自身領先地位，不被競爭者吞沒；當然企業在維持自己競爭力上，也必須做許多戰略佈局與思考。

國家和企業都是同樣的有機體組織，依靠不同的層級和運作，競爭也是如影隨形的跟著不會消失。不管國家亦或是企業，要靠維持競爭力來保持不被併吞，實在要靠組織內的每個成員分工進行，一同邁向未來康莊大道。

國家要能順利營運，「制度」的建立勢在必行，無論是人才的選拔、任用及內部管理等等。除了能讓眾人的行為規範有法可循，亦能讓管理者減少決策失誤風險，讓組織有效運轉。現代企業亦同，若想要造就如唐太宗的「貞觀之治」或唐玄宗的「開元盛世」，定能從歷史中，發現許多值得我們借鏡與警惕之處。

第三章 —— 盛世條件之政策與制度建立

3-1
制度建立－唐朝選才制度

　　在中國朝代和政權中，傳統的選拔官員制度中可分為三個階段，魏晉南北朝的「九品中正制」、隋唐的「科舉制」以及兩漢的「察舉制」。

　　兩漢的「察舉制」，為地方官吏對吏民進行考察，以孝廉（孝悌、廉潔）為標準推薦從官。

　　魏晉南北朝進行「九品中正制」，就是把官階定為三等九品：上上、上中、上下、中上、中中、中下、下上、下中、下下。人才選拔標準分為三種：第一為「薄伐」（家世出身）；第二為「狀」（才德行狀與政績表現）；第三為「品」（人品優劣），經品評後，再由各級中正官上報，最後通報中央司徒府。這兩種制度演變到後面，都衍生了一些弊端，讓察舉推薦、中正官個人好惡把持，導致用人偏離標準與家族世襲「上品無寒門，

下品無世族」等現象產生。

　　後來隋唐的「科舉制」，相對就公平嚴謹些。科舉制度為隋煬帝始創，唐太宗發揮至極致！唐朝先後開立科舉制度名目甚多，從「秀才、明經、進士、明法、明書、明算、道舉、童子」八科，其中最為世人所重的是進士科。唐朝科舉制度考試原則（除了工商從業者外）向所有人開放，任何人只要自認有能力都可以應試。考生考完試及第後，只是取得入仕資格而已，還要通過吏部考試才能分發正式授官。

　　此試為門檻相當高的考試，分為四個要件：「身、言、書、判」。「身」指的是容貌儀表講究、體貌良好；「言」是口才談吐講究、用詞恢弘，辯論反應快；「書」是書法講究、楷法遒美、字形良美；「判」是公文判例講究、文理並茂，文字優美適長。

　　要在唐朝進士科考過關斬將拚到官做，除了要有顏值，能長的一表人才，還要口齒伶俐、辯才無礙，再來要寫一手好字，還得精通法律和通達人情世故，把疑難案件精準研判，文章又要通順優美、對仗工整……在唐朝這樣的考試制度下能當官，實屬不易！但也因為錄取標準嚴格，所以才能為國家選拔出真正有能力的官員。

　　唐朝之所以興盛，從用人政策可以看出端倪。唐朝宰相中科舉出身的比例不斷上升，唐太宗時有 3.4%，唐高宗為 25%，到

了武則天時期有 50%，到了中晚唐，宰相進士出身的更是高達 80% 以上，也就是唐朝充分的運用了考試來進行選才，而不是依賴所謂家族人員或名門之後這種裙帶關係之人。

對照現代企業組織或公家單位來看，考試選才的制度在各大企業、公家單位已行之有年，企業的考試雖不若公家單位如此大陣仗舉行考試，透過國家機器來選才，但企業考試有時也困難重重。

觀察全球科技公司龍頭與國內大企業，要進這些公司工作，需要通過筆試（寫程式、智力測驗、認知測驗等等）、電話面試、總部面試、錄用後試用考核等等關卡，和唐朝相比，要入仕為官的困難度也有過之而無不及。以全球知名電商公司為例，人才招聘的流程就極為嚴謹與複雜，通常會由面試官進行一對一的面談，之後會有五位的管理層主管針對公司所需要的人格特質或是原則來進行選才，這種馬拉松式的面試選才流程，無疑是讓候選人進行一場艱難的「面試仗」，透過這樣的選才流程，一方面可以觀察候選人是否有公司所需的特質，也順便可以觀察抗壓性等特質。此公司的招募選才流程，也強調這位同仁加入是否可以讓組織「向上提升」，藉由不同觀點來審視與檢核，若是不能提升組織價值，想當然耳，也會遭到淘汰。

比古對今

現代較具規模的企業在針對選人這個課題時，一般都會有一套公司設定標準，例如：在面試前會要求應試人員進行心理測驗、職能測驗等，確認人格特質是否符合公司組織文化；再來會以 HR[1] 專業角度來進行分析與輔助，讓用人單位不要選錯人也是價值之一；最後進行雙邊意願的談判，才算完成招募的流程。

用人慎於始，後續的都好談，不要因為開頭不僅慎，後續衍生諸多問題與困擾，對組織來說，都是內耗與損失，不妨參考唐朝和現代大企業的選才制度與流程，為組織找到「合適的他 & 對的人」，才會讓組織興盛。

---

1 HR：Human Resource 人力資源單位，為專職替組織進行選才、訓練、用才、留才之單位。

3-2
制度建立－唐朝文官制度

　　唐朝的文官制度隨著前面朝代的做法與制度架構，承襲周官集秦漢以來之大成，也奠定之後宋、元、明、清之基礎。唐朝中央官制主要有：三師（太師、太傅、太保，為天子所師，地位極為崇高）；三公（太尉、司徒、司空，主要職佐天子，理陰陽、平邦國）；宰相、三省、六部、御史台、九寺、四監、十六衛等等。三師和三公由於地位崇高，均為正一品，非常置官職，無固定職掌，也非官屬；掌實權又責任重大的就是宰相了，總百官治萬事，有關政事無所不統，所謂一人之下、萬人之上就是如此。

　　再來就是唐朝的考試制度了，文官的選擇依循隋朝的科舉制度，也是用考試來選擇人才。文官考試制度的最大優點，就是透過公開競選，可以免去前朝地方政府薦舉的人治缺陷，也可以消融社會階級，促進文化向上……在相對不公平的權貴社會

中，使用考試提拔任官為弱勢一般家庭帶來改變的希望；透過考試，實現較公平的入仕為官標準與參與機會。

最後談考核制度。唐朝的考核，從上上、上中、上下、中上、中中、中下，下上、下中、下下共分為九等，每年考核一次。考核在中中之上的官員，才有進階和加薪的機會；從中下開始就會減薪，至於下下等考績，就要打包回家解任了。所以在考核制度的設計上也是考量了績效管理的概念，有晉升、有減薪、有加薪、有汰除。

比古對今 對照現代企業在招募新進同仁時，也會設定關卡與考試；某些大公司除了考語言能力外，還有專業測驗、IQ 測驗、心理測驗、邏輯測驗等等，也是透過公開的考試來篩選應試的人。

順利進入企業後，就會從受訓時伴隨著考核制度一路至不擔任（離開）位置為止。企業的考核制度，也將每年受考核者的績效分級，從優、良、甲、乙、丙等分級考核，並列入觀察名單。藉由考核，除了可以讓每個人的工作成效量化，達成企業設定目標，另也根據考核結果來晉升與選才，將較有成績的同仁篩出進行晉升，選賢與能、揚善懲惡。

自古文官制度與考核，皆是如此運作，但考核後的晉升與汰除，才是更重要的企業文化與核心價值維護，不可等閒視之。

💡 **相關補充：**

企業考核制度的運作，在評核方式與制度設計上一定要注意以下幾點，否則，考核容易流於形式，無法達成想要的結果。

1. 要注意考核的內容要與「目標和組織計畫」連動

例如：組織計畫要達成 1,000 億年度業績目標，或是要完成幾項策略性專案……所有的績效指標就要和這個數字連結。依照達成目標的重要性，組織功能性分配需要負責的比例，如此才能讓關鍵目標、關鍵職位、關鍵職能、關鍵達成產生效果，進而驅使這些應負責的背負目標者，負擔相對應的責任與考核權重。

2. 考核制度要和「職能」連動

依照職位說明設定的職務內容進行考核，千萬不要張冠李戴，把非 A 專業和 B 專業考核混搭，如此成效不彰也找不到相對應的應負責之人。弄錯方向不僅會白忙一場，也會造成被考核人覺得莫名其妙，明明不是我該負責的主要工作職能與領域，卻要我負責，久而久之不公平感上身，組織就會有大量流動。

3. 考核制度要與「結果」連動

依照合約和結果該換人則換人、該上位則上位，獎懲要透明與公平執行，否則無法彰顯考核的重要性和絕對性，變成一場「秀」，就浪費了考核制度的設計與原委，也無法達成組織的目標與使命。

4. 考核制度要雙向溝通與建立改善機制

考核者需與被考核者進行雙向溝通（績效面談），將考核結果告知與說明，為何給予被考核者這個績效、還有甚麼期許可以完成、哪裡還有努力的空間，若持續無法達成約定的考核結果，則進行一連串的 P.I.P.[1]，利用專屬的輔導改善機制進行改善；若持續無法改善達成雙方約定目標，最後才進行汰除。在績效考核的操作上，要特別注意汰除並不是唯一的手段，而是最後不得不的選擇，畢竟企業若是一直在找人與訓練，所浪費的成本更甚，有時候將同仁工作內容或職位轉換，或許就會解決這個問題了。

---

1 P.I.P.：意即為績效改善計劃 (Performance Improvement Plan)，是進行績效改善的方法。

3-3
制度建立－唐朝貪污懲處制度

在唐太宗李世民所治理的貞觀之治時期，被公認是各朝代中，較少出現貪汙的時期，除了國家草創初期的榮譽感與使命感所致，領導者的風範和要求亦很重要。李世民經常在朝中和臣子開會討論政事，常因為這樣忘了吃飯，許多時間都拿來討論治理國家之大事；對於貪瀆之大臣也給予當庭羞辱，讓「知廉恥」形成一種風氣和文化。另唐朝律法《唐律‧職制律》中載明：「諸監臨之官家人，於所部有受乞、借貸、役使、賣買有剩利之屬，各減官人罪二等；官人知情與同罪，不知情者各減家人罪五等。」只要是家屬受財，官員亦有罪，此等連坐罰，也嚇阻了部分官員想要貪汙的念頭。

2020 年 8 月 1 日的新聞，出現 4 位不分黨派立法委員與一位黨主席因為涉嫌收賄貪汙，被檢調單位聲請羈押的新聞事件，

讓人不勝唏噓！商人為了維護自身利益動用金脈、人脈，請有權力的立法委員協助關說、施壓公務員，之後被檢調取得犯罪證據，申押獲准。看到類似的新聞，總覺得在幾個面向上，值得探討與省思。

首先是立法委員的素質，這些民選的委員，不分黨派的執行被委託的任務，對相關人士進行遊說、施壓，擁有權力的民選公務人員，就應該思考大眾利益，而不應拿錢收賄，為他人開脫與取得利益；為了金錢利益就出面關說的民意代表，絕對不是值得被投票賦予權力之人，選民也應予以唾棄。

其次是政策面議題，諸多公共政策與法條考量的是大眾利益，而在大眾利益中，會衍生個人利益被瓜分或是消失等情事，此時就容易衍生為了個人利益而出錢鞏固自身利益，讓法條、政策轉彎。不論是賄賂公務人員或是有權利制定法條之立法委員，來幫自身取得有利條件，藉以維護一己私利，讓社會法治功能盡失，官員道德、官箴淪喪，若國家機器如此運作下去，勢必造成官場道德敗壞，法治精神盡失，逐漸衍生衰敗、滅國之危機與徵兆。

現代企業裡的權力、利益單位與監管人員，例如：在採購單位、簽約單位、放款單位，工程單位的決策者，在這些容易形成人性貪婪的溫床裡，若是稽核單位或單位主管未稍加留意，

就容易衍生因貪念而導致公司權益受損。若想要防範此一情況，企業可以做的除了平時公司的文化宣導、相關人員道德宣教之外，公司制度的審計、稽核、交叉驗證與勾稽，相關主管、人員定期的薪資設計檢視與職位異動，也是很不錯的方式。藉由職位異動與薪資檢視來宣告廠商端、客戶端，不用多花心思在「買通」上，除了因買通需要負擔大量成本與風險外，固定時段換窗口與相關主管，在進行「買通」上，也不是那麼好作業，畢竟人脈培養需要時間與信任，好不容易建立的金流、人脈，也會因為持續的更換窗口、主管，導致需要重新建立。設下許多障礙後，就可以降低舞弊之類的問題產生，以企業管理維運的方式來思考「論調 & 薪資」這件事，或許是個避免再發生的好方法。

「定期輪調」制度也是一個很好的預防溫床，除了讓相關人員知道不需要刻意透過某些方法示好與經營，因為職務會有連動、交接，所以上一任負責的窗口，就需要乾淨的交接；也因為需要交換業務，很多沒有發現的錯誤、沉痾都可以順勢浮上檯面，這樣的循環，非常有助於需要防弊的職務類別上，公司的組織設計人員，不妨可以試試這樣的定期論調制度。

另外，建立廠商的反應管道機制也是很重要的。供應鏈管理除了興利，也是可以防弊的一環；讓供應商有話可說，而不是一直配合被壓榨，建立生態圈後，就可以降低相關弊案發生，

更有助於事業經營。

比古對今 企業經營到一定的規模，人數勢必相對增加，各領域職能切分，漸漸的就會容易開始衍生貪汙腐敗情事。唐玄宗時期執行「宰相不專權」與「主管輪調」的用人之術，可以讓我們對照現代組織學習與參考，滾石不生苔，「專任不久任」的任用哲學，用來實踐在自己的組織載體，強化人的領域，必定創造更好的績效；同時，藉由制度的設計、薪酬的穩定，創造不能也不想貪汙的環境，是經營者和管理者必須思考的課題。雖不若從前封建王朝的連坐罰制度設計，但至少透過管理手段來達成目的，對企業來說也是重要的經營一環，不可等閒視之。建立良好企業文化，端正風氣，是企業最根本需防範的問題。

3-4
雙主管制－唐朝伴食宰相的
啟示和現代企業雙首長設計

　　唐玄宗主政時期，任用了姚崇這位能臣擔任宰相，之後玄宗讓另一位能臣盧懷慎一起商討政事，形成了「雙相共議政事」，這樣的制度與文化，儼然形成雙長制。一朝中本該是宰相主導的議事，變成兩位相級的能臣討論，不免令人擔心鬥爭的場景出現。但因為盧懷慎這位宰相知道自己的定位和與姚崇相比之下，能力尚有差距，許多政事或較棘手的舊事都給中書令姚崇這位首席宰相決議。在《舊唐書－盧懷慎傳》中記載：「懷慎與紫微令姚崇對掌樞密，懷慎自以為吏道不及崇，每事皆推讓之。」故後世稱他為「伴食宰相」，雖說感覺有些是貶抑的味道，但以現在角度思考，當時盧懷慎這麼做，是不是也因為是「謙沖自保」，就不得而知了！

但唐玄宗這樣的議事制度，有點正副首長的味道，也有儲備宰相與分散相權的概念，讓政事在討論時，能有更多的不同決策考量。這樣的制度，在當時算是蠻新潮的想法與做法，也讓玄宗在政策與管理上有更多的參考依據與聲音。

其實現代許多的大型公司及政府部門皆有採取這樣的制度，例如：五院有院長、副院長，部會有部長、副部長，處級單位有處長、副處長等，這樣的制度除了有儲備備位主管的概念，也讓主管可以多些歷練與緩衝。有備位主管在企業內部除了可以做為晉升的緩衝，亦可以培養主管人才，依照績效與工作評核表現，讓主管層中有多些選擇與空間進行致仕、汰除、職位輪調、換位歷練，一旦職位中有了不同的選擇與準備，企業、組織在用人上，比較不會出現斷層與一言堂情形。

現今國內部分的大型公司（雇員數 200 人以上），會進行雙主管配置，這樣配置加速社內主管輪調，依據組織功能不同，給予正、副主管不同的功能與職責、守備範圍設定，經過一段時間後再進行跨部門輪調，培養社內主管不同的視野與工作觀，讓社內溝通更順暢；同時，亦能經過輪調降低弊端發生的機會。這樣的制度，對於培養未來經營策略層的人才是非常有效的，企業主或是管理部門可以取經參考這些大公司的作法，讓自己的公司或是營利事業有一天也可以經營成為大企業的規模。

比古對今 比起玄宗的雙首長制，在台灣有些大型公司亦有雙首長制的接班團隊；在董事會內設有董事長、總裁兩位不同的職稱。以公司法來看，公司的法定代表是董事長，所以有實際決策權力的是董事長；總裁則是好聽的職稱，實際上並沒有代表公司法定代表的身分。以台積電張忠謀董事長退休留下雙首長制度[1]來參考，董事長為劉德音，總裁暨副董事長為魏哲家。台積電執行雙首長制度已有一段時間，雙首長部分讓公司各項事務皆能透過兩位雙首長進行討論、辯論，若政策無法拍板，最後才由張董事長裁定。

　　雙首長制的模式在於兩位首長彼此之間的信任、授權、溝通、協調等相互配合程度，初期必須磨合，至一段時間後才有良好的溝通基礎，有了充分的彼此信任，對於公司治理的高度而言，又提升了一階。以我曾在雙首長制公司工作的經歷，回憶當時的情境，因為雙首長思考方式不盡相同，有時候兩位首長會有完全不同的裁示方向，對於雙長的幕僚部屬來說，幕僚若沒有充分溝通首長的決策和指令，就會造成組織空轉，也讓彼此產生猜忌，到頭來繞了一圈，還是得重新討論。這樣的決策速度和品質，不僅讓底下的同仁白忙一

1　台積電雙首長制資料來源：工商時報書房編輯 2020.11.24 揭露

場，也讓公司蒙受損失。

雙首長制最重要的就是在決策時，相互溝通取得授權與共識，對於決策的事項和經營方針是經過充分討論，彼此目標一致、看法相同，才會有更好的決策品質，創造股東最大權益與公司價值。

不管是什麼制度，一定沒有 100% 的完美，制度的訂定執行在於「人」，人的精實執行才能完美的將制度落實；各種制度都有優缺點，端看組織執行哪種制度運作較為順暢；溝通成本較低，不見得就是個好方案。總之，能讓組織持續經營、運行且長久獲利的，才是好制度。

3-5
彼得原理－唐朝官員拔擢安排和現代企業輪調制度

　　唐朝的官員制度拔擢以對於品德的基本要求「四善」和「二十七最」為選才標準。「四善」為：德（德義有聞）、慎（清慎明著）、公（公平可稱）、勤（恪勤匪懈），此為能為官的基本德行與通用標準；「二十七最」則是依照不同功能執掌與官吏職務內容設定，較為具體與目標導向，舉例來說：若具備權衡人物，拔擢才良之能，則為選司之最；若具有揚清激濁，褒貶必當之才能，則為考校之最；音律克諧、不失節奏，則為樂官之最；兵士調集、戎裝充備，為督導之最⋯⋯如此羅列二十七種各式領域之才能做為選才之標準，也為唐朝之盛世立下了標準與標竿。

　　話說玄宗當時任用的第一個宰相便是姚崇；姚崇當了三年多的宰相便換人了。如果說姚崇為唐代開元之治的大能臣，大概

沒有人可以反駁，想當初唐玄宗欲請姚崇來幫忙政事的時候，還先答應了姚崇 10 個條件，才就任上班；而這 10 個條件，也被後代史官譽為「十事要說」。

具體的十件事為：1. 為政先仁義；2. 不求邊功；3. 宦官不干預政事；4. 國親不任要職；5. 法律面前平等需行法治；6. 不收獻貢；7. 不建造宮殿；8. 禮遇大臣；9. 接受勸諫批評時政；10. 注意女主掌權。

整體來看，在唐玄宗答應了姚崇的條件後，任用姚崇，便開啟了唐朝政治的新頁，而姚崇也確實不負所託，將國家帶往正確的道路上。

既然做得很好，為何姚崇後期被玄宗罷相呢？

原來，宰相當久了，下屬、兒子紛紛出現招權納賄之事；另一方面，玄宗開始要集中皇權，所以就讓姚崇辭職了。

在唐玄宗時期，也執行了一項政策，就是進行京官與地方官輪調。長久以來，唐朝京官是比較受重視的，可能因為距離核心圈比較近，所以一般京官都是比較有份量，因此而輕視地方官。玄宗在開元二年頒布了一道命令：「選京官有才識者就任地方官，給予升職；地方官若政績良好，升任京官。」此舉不僅讓互相調動成為固定制度，同時也讓後續唐朝用官人選，除了有中央亦有地方的歷練與閱歷，創造更好的人才流動。

現代的企業主管一般皆為專任，依照專業能力、年資、戰功等來派任，並在主管專職的領域與組織，主導一切事務。但時間久了，很容易產生弊端，倒也不一定是因為主管貪權腐敗，而是有時候權力使人矇蔽雙眼，在要職上，各方廠商、同仁、下屬為了追求各自的利益，一定會使上各種的手段，無所不用其極的達到自己的目的；也正因為在這樣的環境下，一段時間過後，就會有破壞體制的事情出現，直到曝光為止。這時候，主管輪調就有許多好處，除了可以培養更多有條件能力的接班人視野和技能，另也因為輪調到不同部門，可以重新開啟主管的職涯模式；同時，離開舒適圈或單調的習慣領域，重新打造更強的組織大將，也更容易進行組織內對話，不再本位主義。

　　當然，缺點也是有的，若不適應新職或心理素質沒有建設好，有時候很容易因為誤會而導致折損戰將，組織也必須多負擔決策錯誤的學習成本。但就整體而言，以我所見和研究過的企業，進行輪調的組織，一般表現皆較佳，亦皆為指標型企業。

比古對今 現代的企業人力資源管理領域與管理學，在組織任何職位晉用、拔擢之前都會有所謂的職位說明書[1]。職位說明書的用意在於：清楚羅列這個職位需要何種工作技能（Skill）、知識（Knowledge）、能力（Ability）與經驗值來配適職務；也讓想要爭取這個職位的候選人，可以清楚明瞭這職務的要求。

清楚條列職位說明就可以依照需求建立選才輪廓。依組織需求敘薪、考核、離退等，先講清楚說明白，避免有後續的爭議與勞資糾紛，故職位說明書在較有規模與制度的公司與組織都會出現。既然有了任用，組織中就會有晉升，許多人因為表現優秀，就會獲得不斷晉升的機會，但在晉升後，卻成為大家眼中「無能」的主管，不管是決策或是行為都讓人噴飯。此時我們不禁思考：「為何這樣的人也能獲得晉升？」這個問題的答案，有個管理學者勞倫斯‧彼得（Laurence Peter ,1969）在其著作中給了我們答案：此書講述所謂的「彼得原理（Peter principle）」，描述的是在企業與組織中，人們會晉升或被拔擢到不能勝任這個位置為止，組織中最後將會出現許多不適任的主管；相反的，若在組織中有才幹的人，也會因為這樣的組織文化被踢出（或不適應）

---

1 職位說明書：Job Description 為職位設計需要能力之說明，詳列此職位需要何種職能與職責。

組織，最終在組織中留下的都是障礙物或是冗員。組織中若無法有效的賞善罰惡，多重校考晉升主管與輪調，終將出現彼得所論述的情形，讓組織中有才幹的人被迫離開，或是一堆所謂無能之人占據組織主管職位。因此，在晉用組織主管之前後，都需要注意彼得原理所主述之情形，避免讓組織載體失血沉淪，出現衰敗之象。

組織需要不斷注入活血進行新陳代謝，為了讓組織氛圍活絡，主管、同仁多工，各領域主管、同仁輪調培養，讓主管擁有不同的技能和領域，也讓員工的職涯有多種學習，相信除了防弊，更是為了創造盛世和企業長久經營鋪路。

3-6
養老詔令－唐朝的老年政策和現代企業退休設計

　　唐朝在唐太宗與唐玄宗時期是對老年人最為重視與尊敬的，光是唐太宗就有 28 次的下詔政令佈達紀錄；唐玄宗亦有 21 次下詔紀錄，進行老人的照顧政策。

　　唐太宗在貞觀初年即位時下詔：「八十以上各賜米 2 石、綿帛 5 段；百歲以上各賜米 4 石、綿帛十段。」另有宴長安父老於玄武門的紀錄。相較於太宗的隨興，在玄宗方面對於老年人的政策就較為制度化。玄宗建立「給侍」制度，規定男性七十五歲、女性七十歲宜給一人充侍；天寶年間則詔令八十以上者，宜委縣官仍賜糧粟、帛、侍丁……這樣的政策下尊老、養老，官員致仕（退休）的制度就更為完善，分級職分配退休賞賜與糧粟，讓退休的官員仍能受到政府的照顧。

根據記載，「退休」一詞首次出現在唐朝名家韓愈之文章中。在韓愈的《復志賦序》中描述了「退休于居」這四字，所以判斷退休這兩個字最早出現在唐朝。事實上，在宋史中亦記載：「退休十五年，謝絕人事，讀書賦詩以自娛。」因此在唐宋時期，官員退休是很稀鬆平常的事。

　　古籍《禮記·曲禮（上）》的記載，中國古代的退休年齡是七十歲，當中有這樣的文字出現：「大夫七十而致仕[1]」，這充分說明在周朝的時候，就規定士大夫的退休年齡，約定成俗到七十歲退休。而魏晉南北朝的時候，真正規定了退休年齡成為規範：「百官年老七十者，皆令致仕」。在宋朝的時候朱元璋規定六十歲退休，這是中國歷史上首次退休年齡調整為六十歲。

　　不管六十還是七十歲前後，在唐代官員退休，會依照職級給予退休俸。以唐代為例，有些高級官員在退休後，依然有退休前待遇：正三品以上的官員，在退休後還能繼續參政；甚至部份皇帝特別恩准的宰相，還可以領到退休前的原來薪俸。在史籍上唐太宗與唐玄宗皆有讓三品以上官員退休後仍參予朝政的情形；而六品以下的官員，在退休後可以享有四年的半俸，四年後即取消。到了唐文宗（約公元 827 年）時期，就取消了可領四年半俸的待遇，以後的六品之下官員，退休就和朝廷沒有關係了。

1　致仕：意即退休之意。

比古對今 現代企業依我國勞動基準法規定：勞工於六十五歲將強制退休。此時由於現代醫學進步，人口不斷老化，許多六十五歲退休但身體硬朗的人，就會落入沒有企業想要聘用的窘境。在這樣的社會氛圍與實際條件下，其實企業可以從幾個面向來重新思考：除了一方面考量高齡工作者安全性與工作勝任度；另一方面也考量給予高齡者工作的機會，以舒緩勞動人力不足的課題。目前有些零售企業在高齡工作者給予開放的態度，鼓勵銀髮族來應聘，賦予較簡單之業務，讓銀髮族群不要閒賦在家，多出來和社會接觸，亦不失為是一個解決社會問題的好方法。

政府機關制定政策給予錄用高齡者稅賦優惠（目前是中央政府給予補助），延長退休年齡，讓勞動力人口上升，創造更好的就業與勞動保險環境，這樣既可以解決勞動力問題，亦可以增加就業人口，舒緩勞保基金的缺口。

　　現代較具規模的大企業也有所謂的「回聘制度」，在企業工作時因表現良好，退休後回聘成為顧問職，除了是企業主的胸襟氣度，讓資優的主管同仁可以在退休後持續的貢獻自己的經驗、知識和後進交換，並做傳承，也讓同仁覺得在這樣的環境下，可以替這個企業載體繼續打拚是深獲肯定的，不管是對個人或是企業組織來說，都是雙贏的做法。建議各位企業主，不妨可以參考大企業的做法，在各方面實際運用，

讓有志、有能之士在退休後能繼續貢獻己力，助企業組織的規模更茁壯，往大型企業之路邁進。

　　在平均餘命愈來愈長的情況下，企業和政府合作通力來攜手解決退休問題，觀摩唐朝的政策與老年照顧，也不失為是一個讓勞動力能更有效率發揮的好方案，除了增加高齡勞動參與率之外，也讓高齡人口有實質上的收入和與社會能共同進步。

3-7
足薪養廉－唐朝的官員薪俸、工時和現代企業薪酬設計

　　唐朝官員的俸祿，在中國的歷史上屬於較高水準的時期，但也充滿著人性化的考量，唐玄宗曾下詔言：「衣食既足，廉恥乃知。」顯見當時統治者「足薪養廉」的明確策略。

　　唐代官員的法定收入主要有三類：職田（非現任職官員給祿米）、俸錢（食料、雜給）及賞賜等三種。

　　職田：唐代各級官員每人會分 80 畝至 12 頃不等的職田，若離職再交接給下一位繼任者；非現任官員則給米。在當時的經濟環境條件下是很保值的，也不擔心糧食問題。

　　俸錢：俸錢就是給各官員購買生活必需品、辦公用品的錢。除了職田已有糧食，剩下的官員尚有雜支、生活所需、工作餐費、退休半俸、出門公務用車等等，唐朝政府對於官員的生活起居照顧，算是極為周到了。

賞賜：高級大臣還經常有賞賜，所以其生活條件算是非常充裕的。唐朝的名臣郭子儀歲入官俸達 20 萬貫，當時朝廷因作戰需買馬匹，但因為朝廷開支不足只夠買一千匹馬，他還上書願意以一年俸祿來支付購買一萬匹馬的費用。若以現代角度來計算當時郭子儀的年收入，以中華民國馬術協會公告的 1 匹馬費用為 70 萬台幣為基準點計算，可買 1 萬匹馬 *70 萬台幣＝70 億！（請注意有通貨膨脹問題，才會有這麼高的數字，若以當時經濟條件計算，應是沒有這麼大的金額，否則政府早就垮了。）光以這個數字來看，當時在唐朝擔任高級大臣的生活的確是挺優渥的。

　　另談談唐朝官員的差勤狀況。唐朝官員除了休假日外，規定每日應到公視事，原則上表訂的時間是從日出到中午，約為半日。但夏季和冬季的日出時間不同；夏季約 5 點，冬季約 7 點日出，所以即便是出勤半日，從夏季的 5 點日出到中午亦也出勤了 7 小時之譜。若以一旬（10 天休 1）上班日來看，夏季 10 天的總工時至少要 70 小時，冬季 50 小時。但要注意的是：這只是表定時間，公務繁忙是無法中午打卡下班的，而且視事日不到公需請假，若未依規定請假，則為曠職，除了停給料錢，還可能被罷官。

　　此外，唐朝的官員不論事病假，一年請假超過百日就會解職。可見唐朝的官員，日子過得並不輕鬆，既然是非休假日就

需每日到公視事。

再來我們算算唐朝官員的休假日有幾天？

依唐朝的休假規定日數有：

旬假 36 天：旬假是每旬放假一天，即十天放假一天，類似現在的週末。
年假 3 天：每年元旦給假。
寒食清明假 6 天。
田假 15 天。
授衣假 15 天。
天長節 3 天（皇帝生日稱之）。
聖祖生日 1 天。
元皇帝生日 1 天。
高祖忌日 1 天。
佛生日 1 天。
七月十五前後 2 天。

一年算下來約有個 84 天。對照現在 110 年人事行政局公告的全年放假天數 115 天，是不是感覺身處現代，真是幸福太多了。

以目前的勞基法規定，每週工時 40 小時，月加班時數 46 小時，日工時上限 12 小時，除了讓工時出勤有規定可依循外，另也提醒企業不可讓勞工產生工時過度的情形；若有加班的狀況，也要依法申報，如此讓勞資雙方都有界線可以遵循，也不會產

生不信任感。這在 21 世紀的現代，是很棒的作法。目前亦有許多文獻研究出勤工時和工作效率、產能、企業獲利狀況之間的關係，有不少報告結果可以參考。

　　世界上有許多勞工權益較前面的國家，如我們的鄰國－日本，也開始研擬執行週休三日制度，除了讓勞工可以依家庭狀況排班出勤，另也因為彈性休假，工作上反而會更有效率，可以在時限內把工作完成。另一考量是多放假也可以刺激國內旅遊與消費市場，創造內需，看樣子是個不錯的工時選擇。不過就是要依照各種不同業態才能執行，否則大家都跑去休假了，許多行業就會放空城，反而衍生經營的風險，對勞資雙方都不是樂見的結果。

**比古對今** 談到現代企業的薪資水準，一般以人力資源管理領域來看，薪資部分以薪資 4 分位表，分為最低值、P25、P50、P75、最高值等來設計。一般大型的公司薪資會介於中位數水準以上，也就是在 P50 以上的水準；部分的職位為了尋求好的人才，甚至會以 P75 ～最高值以上來獵才，如此才可以為公司找到相對優秀的人才。

公司經營和國家營運道理是相同的，有了俸祿（薪資）當後盾，生活條件得以被滿足，才能更有動力替國家（企業）服務。雖說財務條件不見得是工作成就感的必要條件之一，但要能滿足基本生存需求，才可以維持國家（企業）的日常運作，否則若生活條件不佳，光是抵抗外侮（挖角），就浪費許多時間，也浪費了人才培養的成本。因此，企業主不如好好的從源頭思考，想想古人的智慧，「足薪養廉」的概念來設計企業的薪資條件，同仁夥伴生活得以安頓，方能安心並全力為企業打拚，換得的還是國家（企業）的豐收，然後才能讓更多人豐衣足食、安居樂業，打造善的循環。建立更完美家園，是治國者（領導者）的任務與使命，也是創業的志業初心啊！

3-8
組織設計－唐太宗組織哲學和現代企業組織管理

唐太宗的人格特質在「領導力」與「納諫」上是值得後世給予肯定的！

民主式的領導風格

太宗當時在執行政策時，時常需要聽取大臣意見，故常常和臣子討論。根據《舊唐書本傳》紀券三之記載：有次太宗和房玄齡、蕭瑀對談，談到了隋文帝是何等君主？

蕭瑀曰：「克己復禮，勤勞思政，每一坐朝或至日昃[1]，五品以上，引之論事，宿衛之人，傳飧而食，雖非性體仁明，亦勵精之主也。」這說明了隋文帝能克制自己、符合禮儀，勤勞地思考政務；每次上朝開會，開到日落還不下朝休息，和五品

1　昃：音同卫さ丶，日落偏西之意。

以上的官員討論政事，使得守衛只得站著吃飯。這樣看來，雖然隋文帝的天性不算仁慈聖明，但也是勵精圖治的君主。

太宗說到：「公得其一，未知其二。此人性至察而心不明。夫心暗則照有不通，至察則多疑於物。自以欺孤寡得之，謂群下不可信任，事皆自決，雖勞神苦形，未能盡合於理。朝臣既知上意，亦復不敢直言，宰相已下，承受而已。朕意不然。以天下之廣，豈可獨斷一人之慮？朕方選天下之才，為天下之務，委任責成，各盡其用，庶幾於理也。」大意是說：「隋文帝這個人，生性過於苛求細節，而內心不夠明智。當內心不夠明智時，很多事就會看不清楚；過於苛求細節就會對別人產生諸多懷疑，常常害怕群臣心懷不滿，不肯信任百官，凡事都由自己決斷，即使費了心神、累了身體，也未能把事情處理得完全合理、盡善盡美。朝中大臣既然知道隋文帝的意向，也就不敢直言。宰相以下的官員，也只是順從旨意而已。但我就不同，以天下之大，怎可能所有事都一人獨攬，所以我才聘用天下的人才，委以重責大任，讓每個人發揮所長，才能接近真理啊！」

從這樣的對話裡可以充分發現，太宗自評的領導風格是不僅民主又充滿自信的！

在現代的管理理論中，領導和管理在定義以及做法上也有許多不同之處：管理學大師彼得·杜拉克（Peter F. Drucker）提過：

「管理是企業生命的泉源。」可見得管理在企業經營中扮演多重要的角色；領導的部份則比較像是感性的訴求，戴利（Terry）認為：「領導係為影響人們自願努力，以達成群體目標所採取之行動。」所以管理讓人感覺被動（要求），而領導則給人主動（自願）不同層次的感覺。

比古對今 隨著不同的領導人其領導風格也都不盡相同。若組織中遇到領導人是像隋文帝這般，細節管理抓小放大，什麼事都不放心別人做，擔心這擔心那，就容易會讓自己做到累死還不見得有成效。不如學學太宗，找對的人做對的事，只要抓到施政方向，然後充分討論、權力下放，給予尊重與信任專業，期間再觀察修正，就只需輕鬆等看成果即可。這樣的領導行為模式不僅可以讓部屬充分學習，亦可培養將才，讓部屬建立責任感……這亦是現代領導統馭較常用的方式。總之，若想要替組織與自己創造價值，就讓這樣的參與及民主式領導風格形成組織內的文化，讓太宗型的領導人創造組織的貞觀盛世吧！

納諫納言的溝通管理　||||||||||||||||||||||||||||||||||||||||||||||||||||||||||||||||

　　唐太宗在唐朝帝王中的「納諫」心胸是出了名的。具體上，太宗在心胸寬闊、開放納諫的作為是：1. 諫官入議事閣，參與重要的御前會議；2. 從諫如流、理性行政；3. 君臣共治，下情可上達。另外，太宗在軍事上的成就也是頂尖，在繼位前他出入戰場，在洛陽圍困王世充的一場戰役中，也因為接受不同的建議更改戰略而成就巨大勝利。因此他鼓勵大家提出不同見解，讓自己有機會在其中衡量得失。

　　太宗因為可以接受不同意見的心理素質與人格特質，讓小至八品官大至宰相皆可上諫，若這建議合理，太宗也會以大我為重，放棄小我，君臣之間的關係是充滿信任的；也正因為這樣互信的信任關係、充分溝通、健康正向的君臣關係，打造了好的基底，讓唐太宗時期成就貞觀之治，成為後世經典典範。

　　但看現代的企業組織，「溝通」和「納諫」都是個難處理的課題。以我處理過的案例為例：主管站在同理部屬家庭與心情的立場，沒有排定某些工作事項給部屬，但部屬卻覺得，主管是不肯定自己的能力，只將機會留給其他人，因此對主管產生怨懟，進而衍生諸多誤會，造成團隊關係緊張。後來雙方講開才知道，原來只是立場不同，並沒有其他的想法，幸好最後以和平收場，未造成組織更多傷害。由此可知，平時的溝通與建

立互信基礎有多麼重要。

比古對今 在現代的企管領域中，管理是門高深的藝術和學問，但管理不外乎人性，只要掌握人性的基本面，善用溝通、言語與展開行動，在上位者充分理解不同意見，拋開自我主觀意識、集權的弱點，建立溝通管道與環境，並鼓勵這樣的行為，擁有接受批判與建議的雅量，建構安全的說話環境；而在下位者，不鑽牛角尖、不刻意刁難，並能換位思考，勇敢與真誠的提出見解與溝通，管理者一定能感受到你的用心和真誠。如此一來，在互信的基礎下，一定也可以成就組織的貞觀之治，甚至開啟新一篇章，建立共榮共好的企業環境。

3-9
教育訓練－唐朝教育體制和現代企業教育訓練機制

唐朝的教育體制隨隋制發展，到了唐朝科舉制度已經很普遍。一般選官則是透過科舉考試進行，比較受到重視的是「進士」考試，從唐朝的高等文官，許多是由進士考試出身，就可略窺一二。

唐朝的教育大體上有幾個面向：

1. 私學

私學部分由各大儒學生在各農村、城鎮進行授課，讓有心想要往官場考試之人來學習，也是影響後續科舉考試與教育制度改變的重大學習方式。

2. 官學

官學則是由中央機關所設立的，分為「六學」、「二館」。六學指的是國子學、太學、四門、律學、書學、算學等六學；

二館指的是弘文館與崇文館。國子、太學、四門等三學科屬於大學（提供給皇親國戚與大臣後代學習之場域）；律學、書學、算學則屬於專門學科。至於弘文與崇文館則屬於皇族小學，專收皇帝、太后、皇后親屬和宰相等高級官員的兒子。國子學收文武三品以上高級官員的子孫；太學收文武五品以上中級官員的子孫；四門學收文武七品以上低級官員的兒子，又收地方庶民中的俊秀青年；地方學校主要收地方官員及中小地主的子弟。

3. 留學生

留學生則是因唐朝的強大，自然有許多鄰近周邊或聞名而來的國家與唐朝進行交流切磋學習，現代的日本，就是當時派出大量留學生來唐朝交流的國家之一。

在從前封建皇朝的時代，崇尚階級制度，想要學習還不見得有機會可以學習，還要看父祖輩的表現才可以有機會躋身學習窄門，後世現代的我們，隨處可以取得學習機會，更應該好好珍惜與把握。

比古對今 現代較有規模的公司皆會建立「教育訓練」功能的單位組織，目的就是希望藉由教育訓練組織功能的建立，來充分傳達公司的文化、標準作業流程與內部幹部養成，有點像是古代的私塾概念。有了充足的訓練，才有富戰力的幹部，投資在訓練成本上，鼓勵組織同仁建立「主動學習」的態度與精神，才能替組織遴選與培養有實才品德之人。一般在大型、較有規模組織的教育訓練都是有全系列的課程規劃，如：組織的訓練藍圖、訓練履歷等等，除了依各職級建立職能課程，另也會因為時事、經營時所遭遇情境、公司發展策略、競爭狀況、新商機導入……衍生不同的訓練課程。一般而言，大企業員工在組織的發展，若要晉升，皆須完成相關的訓練規劃才可以晉升，如此除了可確保同仁本職學能是公司要求的，也可以確保其相關資格，讓武力（職能專業）與腦力（學力）並重，內外兼具，發展組織需要之人才。

現今商業發展，在企業中已經是求才若渴，需要大量有學習能力與有意願的人才來替組織效力，發揮最佳戰力，並藉由教育訓練來建置與儲備人才，增加組織未來發展潛能的底蘊。在此要奉勸企業主們，投資教育訓練絕對不是「費用」，而是組織未來的「資產」，有著這樣的長遠眼光與氣度，相信組織定更易基業長青，在競爭市場上永保領先。

現今企業的訓練事務通常有專職單位負責，部門負擔的主要職掌也是從訓練人數、訓練質量、開課數值、授課能力、培訓講師數量、課程建立等幾個面向來設定單位績效，不僅可以為公司建立訓練藍圖，更能讓應該留下的專業知識建立起知識管理系統。

由於從前的「達人知識」都留在資深人員腦中形成經驗法則，因此易流於沒有師父帶領就沒有辦法完成，或是少了某些人事情就做不了……這都是因為沒有建構系統性學習課程，把老師傅、前輩做事的「眉角」，也就是前人寶貴的經驗和技巧，藉由建構社內知識管理系統來留下來，讓後續新進、年輕的同仁可以透過轉化的知識系統，建立起連串計畫性的學習，一步一腳印的吸收知識。比起找外部的管理顧問公司講師授課，又要花大錢，又無法精準描述社內語言，建構管理系統更能貼近現況，還可以建立公司的標準作業與行為準則；同時，好的知識碰撞亦可能擦出更令人驚豔的火花，甚者可以產出企業教案，讓公司經營能夠揚威國際，成為其他公司學習的榜樣和典範，建立專屬於公司的榮耀和專利。

一個國家的管理，即使人才濟濟、經濟穩
定、制度完善……但自古有云：「天有不測
風雲，人有旦夕禍福」，有時一個不可測的
天災或人禍，即可能動搖國家的百年基業。
同樣的，現代企業的永續營運也與之緊密相
關，領導人對於組織遇災難、禍事的預防與
補救，到底該具備什麼的智慧與決策？且讓
我們繼續看下去。

第四章————

國家治理與公司治理

4-1
唐朝防火啟示－
營業場所公共安全設計

  《新唐書－五行志》中，記載了唐朝有發生紀錄的火災。唐朝時期的火災也是不勝枚舉，有貞觀時期宮殿起火，亦有尋常百姓人家起火……總之，在唐朝的紀錄中，愈是商業發達、人口稠密的京城都市，火災發生的機會愈大，這也和人口稠密、商業行為、木造建築、氣候乾燥等客觀因素相關；而都市因為人口擁擠，一旦發生火災，後果都是很嚴重的。歷史紀錄記載中較為嚴重的火警，傷亡都在數千戶、死傷上千人；另外，較常發生火災之處，大都是集中在宮殿、倉庫、寺院等區域。

  因為知道火災帶來的災害與經濟損失是很嚴重的，所以唐朝政府制定了相關法律條文來管理火災發生與預防，落實防火責任。《唐律疏議》中就提到：「諸于山陵兆域（皇帝埋葬的地方）內失火者，徒二年；延燒林木者，流二千里；殺傷人者，減鬥

殺傷一等。」「諸于庫藏及倉內皆不得燃火，違者徒一年。」「諸于官府，廨院及倉庫失火者徒二年，在宮內加二等。」從上述條文可以看出，皇帝的陵寢、官家倉庫、寺院、宮殿等地區的防火情況朝廷尤其重視，懲處也嚴重許多，小至罰錢，大至流放、殺頭，透過源頭管理，進行有效防火，也降低發生機率。

另外，因唐朝實行「坊市制」，住宅的格局和配置都有專人管理，讓街道格局分明，又有巡查的人員，也降低不少火災的機會；同時，唐朝開發出的皮袋、濺筒（功能類似現在的滅火器）等不同的打火利器，更可大大降低火災發生機率。從古人這麼擔憂災害發生而做了充足準備的心境，不難理解災害發生對人或建築物的傷害有多大，後果有多嚴重。

比古對今 對照現代的企業，可以來比較的是營業場所的公共安全管理。一般較有規模的營業場所，除了商店綜合保險和公共安全意外險等保險類預防外，平時員工的教育訓練（防災演練與相關管理人之受訓），與對待災害的應變與 SOP，都有業內的標準與操作要領，基本上不用太煩惱與擔心，但對於營業場所的消防、公安等，除了平時的落實檢查與維護外，建立同仁的防災意志、消防逃生通道淨空……都是可以預防發生類似事件的好方法。以目前國內頒布的相關法規，如：職業安全法規、食品從業人員

法規、消防安全相關法規等等規範，都是很好的教條與預防
災害事件可遵循的指導原則，業者與相關從業人員依照標準
執行，就可以避免許多爭議與問題，也降低災害發生的機率，
從而減少憾事發生。

相關補充：

　　2020 年 4 月 26 日，當天國內的新聞頭條中出現：北部某大
型連鎖 KTV 業者，因為營業中進行工程而導致火警，造成六死
的慘劇！從這樣的案例中來思考幾個面向：

1. 業者為了利潤搶業績，未停業而進行營業中施工，擅自關閉
   消防系統警示開關，導致失火而無法及時反應。

2. 政府單位平時在做例行稽查的人力與落實度，都值得再檢視
   是否制度漏洞與因為執行人力不足導致查核不易。

3. 平時的自救訓練意識與火場的逃生知識是否充實。

4. 是否有相關業者透過民意代表關心，讓基層公務員有壓力不
   得已只能依照上級長官指示辦理。

5. 住宅區和商業區的區分以及建築物的使用用途、法規限制……
   台灣地小人稠，要擁有生活的機能性和購物、娛樂方便性，
   許多建築物會變成住商混用，若沒有適當的規劃或法規鬆綁，
   還是會有類似的問題。要想避免災害，不是一昧的用嚴格法
   規禁止，因為混用的狀況已經是「現況」和「歷史共業」，

應從務實面來思考，例如：每年的例行檢查與保養維護機制、後續的養護與解決方案……才是面對類似問題的正解。

2021 年由公共電視台發行了一齣以消防員為背景的職人劇《火神的眼淚》，劇中透過演繹消防員的生活與任務而產生共鳴，讓此劇的收視大好，也透露著消防工作者的甘苦與防火的重要性。面對未知的未來，相關營業場所或民宅，透過全面的檢討與演練，遵循古人的智慧結晶，利用現代的科技強化，方能有效防止災難發生，達預防勝於治療之效；也希望逝者安息，期望類似事件因為現在的努力，日後不要再發生。

4-2
唐朝防災啟示－天災與救災
對現代企業持續營運設計

目前流行的新冠肺炎（COVID-19）造成全世界經濟與人們健康恐慌，對照古代，是否也有相關的疾病或是災害造成大恐慌或流行呢？

答案是：有的！

在唐朝唐玄宗時期，根據史籍的記載：玄宗執政 44 年期間，從開元到天寶年間共有 57 次的天災，以數據來看幾乎年年都有，只是區分旱災、蝗災、水災、震災、蟲災略有不同。古代對於醫學不若現代那麼關注「病毒」，故相關資料以天災類記載。古代只要是災害，尤其是農損，都會對「執政」有影響與挑戰，古曰：「民以食為天」，只要人民因為災害導致農作欠收，就會造成飢荒，沒有吃飽將可能引起所謂的「揭竿起義」，進而顛覆政權，故救災不僅是愛民考量，也是重要「政治考量」。

又因古代觀天象不懂科學，會把災害穿鑿附會演變成異象，可能是來自君主失德敗政，所以當災害發生。除了進行救災和勘災，君主通常會進行一連串的政治活動，如：「自譴」（救災下詔、克己責之語數篇，詔書以「德政」自惕），過程中另有避正殿（不在正殿參議朝事）、減膳、禁奢、祈禱，甚會有特赦減刑。古代認為天災亦有可能是冤獄導致，也會進行特赦減刑降低冤氣。再來有減租（政府租稅下降）、撫恤（派專任官員進行）、廣開言路（傾聽訥諫自我得失）等作為；救災時，也會挑所謂的良吏進行賑災，避免人禍導致二次傷害。

總之，從古代看這些君王，發生了天災，最常做的事情就是「下罪詔己」，把過錯攬在自己身上，代表執政不利，祈求上天原諒。這點倒是和現代國家領導團隊不太相同，只要發生天災人禍，不管什麼原因或是哪一執政黨，都是推給其他人，先檢討別人再說。

現代的災害防治，雖不若古代沒有經過科學驗證與確認的手法，但該有的程序與流程，一樣也沒少。以 2020 ～ 2021 年在全世界大流行的 COVID-19 來舉例觀察：政府機關進行政令宣導、通報、檢疫、強制執行、罰款等手段，確保國民遠離災害與威脅，這段防疫期間內，所有第一線的防疫相關、醫護人員與軍、警消、公務員、老師及各行各業經營者在這些日子都辛

苦了；各企業也因應這個疫情各自緊縮與努力著。企業作為社會責任的先驅，也帶頭進行防疫與支持政令的角色，同渡難關，展現全國一體、同島一命的執行力與決心，共同保護我們的家園不受病毒侵害；也希望不管是在口罩國家隊與檢疫試劑、疫苗研發與醫療水準上，我們依舊能站在世界的頂端。唯有全國人民上下一起努力配合，短時間的不便，不讓疫情擴大，才是我們對家園最大的承諾與體貼。

比古對今 現代企業因應災害都應該建立自身的 B.C.P.（企業持續營運計劃）[1]。以這次的疫情來說，因為病毒是透過人類接觸為感染途徑，計畫部分就必須減少人與人之間的接觸和互動，以降低風險。以我曾工作過的企業中就進行了分區辦公、在家辦公、防疫距離設計、供餐方式變更等因應計畫；計畫分隔了不同的部門與團隊，一旦發生大規模感染，亦可以維持組織的基本運作不受影響，這樣才是計畫的主要目的與設計目標。

以分區辦公來說，將後勤辦公室切分為不同組別、地點與樓層，減少同仁間的接觸，也互設代理機制，一旦發生感

---

1 B.C.P. 是指：Business Continuity Plan，企業持續營運計劃。當災害發生，企業需要進行的應變計畫，讓營運的企業不中斷，進而確保營運成果之計畫。由於撰寫 B.C.P. 需要大量篇幅，須以專文呈現，本文僅就「概念性」之觀念淺談，讓讀者了解目前我國與各國較具規模之企業，皆有類似的防災應變與維運計畫可以參考與學習。

染狀況，工作上不會因此斷鏈，總是可以在第一時間找到相對應的窗口進行。

在家辦公部分，以前線（實體店）的工作內容來說無法執行，後勤的同仁可以依照工作內容、組別、工作職能不同來設定操作。以目前國內的網路環境，軟體服務商的軟體功能支援都可以做到，讓遠端工作、零接觸工作成為疫情影響下催生的新工作型態；企業亦可以趁機思考，若是部分功能可以用「無辦公室」模式進行，何嘗不是一個降低成本的方式，不僅讓公司的辦公方式更為彈性，且不需要負擔太高的空間租金與後勤管理成本，這何嘗不也是疫情帶給我們經營事業的另一種管理模式的創新與思考。

為了企業可以營運，事先制定計畫是必要的，「有備而無患」就是這個道理，準備好了，就可以從容因應，降低災害衍生的風險。

4-3
財政紀律－
國家與公司之財務管理

　　國家維運的現金流多數來自於「稅捐歲收」，和企業的「營業收入」有很大的不同；雖說來源不同，但怎麼花（運用）卻是大同小異。

　　唐朝在財政上也有制度上的設計。在稅收部分，初唐時建立「均田制」，將國家可以掌控的土地充分的運用，發給農民耕種，在許多土地充分運作下建立了充足的稅收來源，也造就初唐時期的經濟榮景。後來實行「租庸調」制度，此制度以均田制為基礎，每戶分配的租地繳租金，丁男、中男授田一頃，每年納粟二石，稱之為「租」；壯丁每年服勞役二十日，若是不服役，每日交絹三尺來折抵勞務，稱為「庸」；每戶每年繳納定額的絲、麻等物產，稱為「調」。

安史之亂後，朝廷財政陷入困境，始執行兩稅法[1]；稅法的訂立也確保了國家人力徵調彈性與稅收。只要稅收穩定，國家安定，經濟狀況就會呈現榮景，後續只要量入為出，節用愛人，度財省費，蓋用之必有度，國家就會既庶且富；而人民教化行焉，進入盛世，國家層級的載體，每年編列年度預算，依各部會訂立之計畫執行、審計預算花費，以此建立財政紀律。

現代企業的財政紀律就相當於公司的財務管理、公司的營運現金流（Operating cash flow），舉凡公司的任何營業活動皆需要「現金」來支應，例如：同仁的薪資、合作廠商進退貨、差旅零用、行銷、工程修繕、租賃、設備採購、長期投資等等，皆需要資金來因應，這個部分的財務操作就是維持組織載體運作的血流。

好的財政紀律和管理，可以避免公司有獲利卻沒有現金周轉被迫黑字倒閉窘境，畢竟每天跑銀行付款的金流操作，對公司營運是非常危險的。公司和國家的維運，每天要進要出的資金運用，都要是計畫性且清楚的，所以對於有規模的組織來說，就會編列所謂的「年度預算」，把來年要執行的專案與預計要投資的資金先做一番計劃，如此可以掌握每個節點的資金需求。

---

1 兩稅法：唐德宗時期由宰相楊炎所提倡，依照人民貧富差距及擁有田地的數目，分等級課稅，每年依夏、秋兩季用錢編納，用以替代原有因均田制被破壞的租庸調法。

好的規劃與操作，可以把資金分為幾個部分：一些拿來做長期投資的規劃賺取現金流；一部分是應付帳款，基礎維運規劃；一部分則是帳上存款可以穩當的收息等等。想像把戶頭切成幾個小帳戶，分門別類的管理帳戶進行專款的使用，對公司與國家來說，有紀律且保守合規的使用營運現金執行財政紀律，才是讓組織持續維運、不發生財務危機的長久經營法則。

比古對今　現代的上市櫃公司，都有被主管機關要求「公司治理」這部份，必須揭露財務報表在公開的平台，此時就可以依照公開的資料來審視公司的財務管理執行的是否落實。以公司的三大報表[2]來觀察，首先觀察現金流量表這個報表。找出公司目前的帳上現金，關注淨現金流量，有持續正向淨現金流入的公司才是好公司，也是可以列為投資標的之參考。現金對於公司就像是人體的血液一樣，沒有現金的公司，會出現存活問題。公司通常因為合約關係，與廠商的往來款不會馬上入帳，這時產生的時間差，就會出現在應收帳款這個科目上，但現金流量表並不會出現，因為沒有流入；只有流入的現金，才會記錄在表中。也因此，觀察公司現金的流向，就可以知道公司的財務紀錄與公司的

2　公司營運三大報表泛指：損益表、資產負債表、現金流量表。損益表則能看出公司報表期間內有沒有獲利；資產負債表可以觀察出公司資產配置的情況；現金流量表是用來觀察公司現金的來去與進出。

營運狀況。

　　現金流除了營運現金流會有現金流入流出，也會有投資與融資現金流。有些公司會將資金執行長期投資（購買土地、金融資產），或是和股東、銀行往來進行籌資或借貸，也會產生現金流出或流入。這三種的現金流動，可以觀察公司營運指標，也是確保公司基本財務管理的依據；有紀律、營運狀況佳的公司，這部分的指標通常令人放心，

　　公司要能長久經營，一定要有財務規劃和財政紀律，否則，隨意的進行花費和擴張，持續出現現金流出而沒有補足，就會出現倒閉。財務的操作對公司經營尤其重要，需要謹慎執行。

4-4
領導人決策－唐玄宗對楊貴妃的感情與現代企業辦公室戀情

　　唐玄宗李隆基的有名情人－楊貴妃，是一位讓皇帝暈船且做了許多錯誤決策，導致國力走下坡的傳奇女子。李隆基其實是個人生勝利組，除了有權、有錢、有好才情（寫詩、譜曲、打羯鼓[1]、馬毬），和楊貴妃的互動，也是讓後代不管是史官還是小說編劇，拿來常用的劇情原型。

　　話說貴妃被玄宗接到宮中住了之後，玄宗朝思暮想著這個傾國美女，後世有「閉月羞花」之形容女性貌美的形容詞，其中的羞花就是在說楊貴妃。玄宗曾兩次送楊貴妃回娘家「懲處」，之後又因為按耐不住立刻接回宮中。後代研究歷史的學者蒙曼認為：玄宗之所以和貴妃那麼合拍，是因為貴妃給了玄宗一種不一樣的感覺。貴妃妒悍不遜，為了捍衛自己的感情，是很敢

1　羯：音唸同「節」，羯鼓為古代西域傳來中原之樂器，為一打擊樂器。

表達的，這也讓玄宗發現，原來這個妃子不是一般的乖乖牌；而帶點單純、不懂服從、不計後果，也讓玄宗相處起來感覺更不一樣。

貴妃的性格在當時的後宮是唯一，難怪最後玄宗深深無法自拔，對貴妃寵待益深；而貴妃也發現，皇帝也是人，也渴望真摯的感情。也正因為這樣，讓兩人互相的依賴漸深，感情也昇華了。在這樣的條件下，貴妃的家人開始恃寵而驕，外戚干政的情形，也開始出現，於是玄宗的執政表現開始走下坡，導致後續的安史之亂，唐朝國力進入衰退期。

唐玄宗和楊貴妃兩人的愛情故事在正史中記載的並不多，在《舊唐書列傳》裡的五十一卷，大致上有提到楊貴妃的事蹟。在正史中，皇帝的感情世界不被史官看中，反而不是應該列入的重點；不過可以被史官列入記載，也算是一號人物了。通常只要是描述八卦、感情、隱私的文案，都會有較高的關注度，所以在稗官野史中，出現了不少穿鑿附會的內容，只要提起唐玄宗和楊貴妃，就會有可歌可泣的愛情故事；尤其是白居易寫的長恨歌：「在天願做比翼鳥，在地願為連理枝……」更是動人。

但現實中，楊貴妃是唐玄宗的媳婦，在唐朝的時候，因為受胡人游牧民族的影響，有種叫做「烝（ㄓㄥ）報」的習俗（在社會學領域稱「收繼婚」），意思是以前遊牧民族在父親死後，兒子除了有權繼承所有父親留下的一切，也包含妻妾（除了生

母）。這樣的環境也是因為在遊牧民族的生活中，女性少了男性的保護和支持，是很難生存的，所以胡人有這樣的傳承，也是因為要照顧這些人的生活，不能拋棄不管。於是在唐朝的時候，這樣的觀念也傳承延續，就像唐太宗死後，兒子收繼太宗的嬪妃武后；也因此玄宗做這件事，在當時並沒有因為現在眼光的道德、倫理而被責難，也不大驚小怪了。

　　但玄宗當時身為皇帝，掌握至高的權力，他與貴妃間到底真的有愛情還是建立在權力、金錢、肉體上的關係，就不得而知了！可以知道的是：玄宗為了楊貴妃在執政的後期，做了許多錯誤的決策，如：執政初期的戒奢崇儉，在天寶年間，因為國力的強盛與壯大，光是為了貴妃的衣著，就動用了七百人進行編織……這樣的人力與鋪張浪費，也是造成後續衰敗的因子之一。另一就是天寶年間用了楊國忠（貴妃堂哥）為相，因為是寵信貴妃而派任，沒有經過考核就任用，這樣的用人決策，也連帶影響唐朝國力。玄宗後期不理政事，也讓自己付出慘痛的代價。

比古對今 在現代企業組織裡,像古代這般皇權的感情方式比較不常見,除了現代女權高漲與現代強調自由戀愛之外,現代大企業大多有許多「社內婚姻」的形式。讓同公司的同事間共組家庭,對公司來說,除了可以穩定人力、創造向心力,對組織有更多的連結與建立家的感覺;亦可讓適婚年齡的男女找到未來的牽手,讓組織有更多二代、三代傳承。

或許也因為工時長和近水樓臺,發展社內婚姻的比比皆是,正向思考來看待這樣的趨勢,或許也能說明「男女搭配,幹活不累」這樣的俗語,讓工作場所中充滿鬥志及戰力。

另外,現代的企業還需引以為戒的尚有:

1. 是否掌權人的另一半有「後宮干政」情形
安插人事、介入經營,不管在各層級,這樣的現象都會導致管理不一致,也易讓組織陷入矛盾,企業文化逐漸走向衰敗。

2. 用人決策失當
當用人出現結黨、群聚、小團體只為私利時,也會讓組織文化敗壞,產生劣幣驅逐良幣情形。所以在用人決策和掌權者的決定上,此兩個觀察點值得借鏡與思考,攸關組織載體興亡,避免重蹈覆轍。

4-5
領導人鬆懈－
唐玄宗的鬆懈影響

　　唐玄宗創造了唐朝的開元之治盛世，他也是唐朝在位時間最久的皇帝，共在位執政達 44 年；從 27 歲即位到 71 歲交棒，人生的精華時間都奉獻給了國家。在他執政的這些年中，可以切割兩個分野：前期的開元年間約莫 30 年，是唐朝國力最鼎盛的時候；到了後期改年號天寶之後的 14 年，就是玄宗開始鬆懈享樂的時候，也導致了國家開始走下坡，以致最後安史之亂的戰事，變成自己下台的導火線，讓國家元氣大傷，差點滅亡。

　　唐玄宗的後期衰敗鬆懈，導致什麼結果？

　　玄宗後期執政不理政事，花了許多時間在享樂上，也沒有年輕時的拚勁。在開元執政末期（公元 742 年）用了李林甫為相；口蜜腹劍的李林甫掌權，迅速的排除異己、打壓政敵，堵塞唐玄宗的言路與賢路，任用庸才，造成資訊不透明，唐玄宗資訊

被蒙蔽，無法有效判斷與決策；後期也因為玄宗荒於政事，才讓李林甫有機可乘。一個鬆懈一個蒙蔽，為後面隨之而來的安史之亂種下禍根。

　　檢視唐玄宗在前後期的用人方式就可一探究竟。開元初期的姚崇、宋璟、張說、張九齡等明相，到天寶間的牛仙客、李林甫、楊國忠，從人格特質的轉變就可發現，初期的宰相在人格特質與文采質量的表現上相較於後期的宰相佳。茲比較開元末年名相張九齡及李林甫就可略窺一二：張九齡為人正直坦率，不若李林甫這般奸佞狡詐、玩弄權術、投其上位者所好，以這樣的人格特質比較，若發生賄賂事件時，狡詐之人則會把持不住，收賄影響規則與破壞制度，一旦制度破壞崩解，就會為組織載體留下不可抹滅之傷害。

　　現在許多的大規模企業也有類似的案例可以引以為戒。參考國內 3C 通路上市公司的經營模式和形態來探討：此公司創辦人於 1978 年創立公司，並於 1997 年上櫃、2000 年上市；創辦人於 1978 年擔任總經理，並於 2018 年卸任交棒給現任董事長，其間共領導該公司四十年。在其主政的四十年期間，從草創時期的 1996 年，年營收 44 億元，直到 2007 年達到高峰，年 560 億（創辦人當時 45~56 歲）；然而，到 2018 年（67 歲）卸任時只剩 206 億，營收已經腰斬。從營收的資料觀察就和玄宗的盛

世一般；到了後晚期，經營愈佳不善，同一人主導的公司因為投資副業失敗，導致巨額虧損，這也讓在位年限愈久，領導後期所作的決策影響公司的經營結果得到數據上的驗證。不過，玄宗的鬆懈還帶了點因為好貪玩樂性質，現代公司經營企業主不會如此好享樂鬆懈導致衰敗，多是因為長期領導，導致部分決策失敗，這點的可能性是比較大的。

企業經營和治理國家皆大不易，領導人做對的事，避免鬆懈、決策錯誤影響公司與國家發展，才能帶動基業長青，長治久安的時局。

在唐玄宗（開元之治）後期以後，唐朝初期明君引以為傲的「納諫」氣度不見了，換得是：提出諫言的諫官不是被貶就是被殺，導致沒有人敢說真話，讓政治上充滿詭譎與一言堂的氛圍。可想而知許多的政策，在沒有充分討論下做決策，就會顯得荒腔走板與充滿爭議。再來還有安史／黃巢之亂與牛李黨爭等內憂外患，各地方的節度使，擁兵權自重，在有心人士操作下，有實力的節度使都想自己稱王，集結力量起來叛亂，也讓當時的中央政府為了彌平叛亂，疲於奔命，動員大輔的資金、人力、物力發動軍事還擊，於是經濟開始蕭條，民不聊生的老百姓就又會開始官逼民反，無限循環。然各山頭勢力竄起時，朝中當官掌權的政治人物為了私慾，只顧自己的結黨營私，就會開始產生亂象，逐漸走向衰敗。

最後是領導者本身，例如：後期的唐朝皇帝－唐懿宗、唐僖宗，沉迷於道術和佛法，在治國上就顯得無心。為了迎佛骨辦儀式，導致大量的鋪張浪費；為了成仙得道長生不老，開始求道吃藥，搞的最後英年早逝，還沒開始治國就往生西方極樂……所以領導者若玩物喪志，沉迷於特定事務不理國政，離衰敗亦不遠矣。

比古對今　現代企業組織，為讓公司領導者不重蹈「不納諫、玩物喪志、競爭勢力群雄割據」等現象，因此在較具規模的上市櫃公司，都會有所謂的董事會、公司治理委員會……等組織因應而生，就是為了監督經理人與掌握公司經營狀況。依照我國上市上櫃公司「治理實務守則」中第二條明確訂定公司治理五大原則：1. 保障股東權益；2. 強化董事會職能；3. 發揮監察人功能；4. 尊重利害關係人權益；5. 提升資訊透明度，期透過現代化的公司治理，讓投資人安心，也讓領導者個人因素影響公司營運的狀況下降，進而對國家的經濟產生正向的幫助與循環，讓衰敗要件遠離，公司方可長治久安的營運下去。

　　在商場上，許多企業家或創辦人都是長期的領導公司，在人生最精華的時候帶領著自己含辛茹苦養大的創業心血打拚，一路撐到自己年老氣衰，此時若是因鬆懈影響或是好逸影響導致衰退，實在可惜！不如趁早制定接班計畫，讓後繼有能人，延續創業打拚的成果。

4-6
唐朝行政組織
與現代企業董事會功能

　　唐朝三省制度設計對比現代國家制度有點像行政、立法、司法分權的概念。唐朝最高行政機關有三省：分別為中書省、門下省、尚書省。

　　中書省：

　　最高長官為中書令，主要職司為重要官員任免、軍國大事等事項。中書省替皇帝起草詔旨，起草之責主要由中書舍人負擔，是重要行政命令制定與決策機構。

　　門下省：

　　最高長官為侍中，主責為負責審核朝中大臣上奏的奏章，若有認為不當者，可以駁回，稱為「封駁」，是職司審議的機構。

　　尚書省：

　　中書省與門下省發出的制度詔令，皆由尚書省轉發到中央各

部門及地方州縣，制定政令，再下達有關部門，所以尚書省是執行機構。

尚書省下轄統領六部，分別為：

吏部－掌管全國的官員任免、升遷、考核機構。

戶部－掌管全國戶籍、稅收、土地、財政支出。

禮部－掌管國家典章法度、祭祀、科舉考試、接待外賓等事務。

兵部－掌管武將訓練、選用、軍事訓練等事務。

刑部－掌管法律、刑獄等事務。

工部－ 掌管山野水澤、田地、工匠、水利、交通、各項工程以及皇室貴族的生活用品等事務。

有了這些功能的組織設計，成就了綿密的行政網路，讓唐朝國家載體可以運轉。

比古對今 相較於現代公司的組織設計，也會有功能互補、制定、執行決策與審議決策的組織，從最高制定決策機構如董事會、總管理處、總經理室等，到執行創造業績的營業部、商品部、行銷部、開發部、物流部等等，後勤擔當審議組織，如財務部、人力資源部……到監督、查核相關部門組織，如稽核室……所有的組織也像是國家機器一般的運作著；甚至較大型的公司還有海外營運部門，

成立事業群，彼此相互協助與互補，將上中下游產業打造成產業鏈，並串成生態圈，讓事業體規模和生活脫離不了關係，所有食、衣、住、行、育、樂與生、老、病、死相關全數涵蓋，如此事業組織規模，就如同國家組織一般。

相關補充：

國內財務金融與公司治理權威－葉銀華教授（2017）指出：「公司必須具備健全董事會的八大原則：1. 有權利原則；2. 有專業原則；3. 有獨立原則；4. 有資訊原則；5. 有勇氣原則；6. 有評估原則；7. 有誘因原則；8. 有操守與責任感[1]。」良好的董事會運作且健全是公司經營創造高績效的基本功，這八大原則簡易說明可更了解原則描述的內容。

1. 有權利原則：

指依我國證交法要求，已依規定選任獨立董事之公司對於內部控制若涉及董事或監察人，利害關係事項如：重大資產或衍生商品交易、有價證券、重大貸款、背書保證，若有反對或保留意見，應在董事會議事錄載明；同時對於簽證會計師委任、解任、報酬、會計及稽核主管任免，獨立董事若有反對及保留意見，亦應載明於議事錄。

---

1 資料來源引用：葉銀華，2017，公司治理第二版，頁 172~188。

2. 有專業原則：

為強化董事會專業性，讓具備財務、法律、會計、技術、策略管理之獨立董事建構專業董事會。

3. 有獨立原則：

為讓獨立董事不受大股東控制影響，可行使職權，避免因為是大股東提名才當選的影子獨立董事。

4. 有資訊原則：

為讓每位董事皆有適時、適量的資訊可以判斷與決策，若獨立董事有保留或反對意見，亦應在議事錄中載明。

5. 有勇氣原則：

為董事們參與決策會議時要有勇氣說「不」，決策時要以全體股東權益為依歸，心中要有股東，謹慎評估每個決策是否適當。

6. 有評估原則：

為正式評估董事會績效，讓董事會有目標，每位董事承擔相對的責任，增進運作效率。

7. 有誘因原則：

誘因指的是「酬勞」。台灣的董事不能領權益型酬勞，因此以固定薪資及變動薪酬替代誘因制度，對高貢獻度的董事給予較高報酬，也是讓董事有誘因的運作方式。

8. 有操守與責任感：

董事操守是強化公司治理的要項，因此董事只能拿每年年報揭露的薪酬與福利。另外，董事進行重大決策時，是讓公司充滿風險的，董事們的操守與責任感，都要在充分考量風險下進行決策，依規範執行任務。

不管是國家的行政組織，或是現代企業的組織設計，都是依照功能和任務導向進行設置，對於國家的高度而言，只要在位者心中有人民，企業經營者心中有股東，就可以本持初心經營，讓組織載體延續而長久。

不管是在哪一個世代，人，永遠不可能都在同一位置上，終有一天要「放手」。尤其，在前人因為完善的「組織團隊」努力下而打出的江山，如何能夠讓「接班人」無縫接軌維持永續的豐碩成果，做好接班人的事前規劃，是每一位領導者需重視與學習的課題。

第五章

團隊建立與接班

5-1
唐朝幕僚團隊的領導
與現代企業經營企劃團隊

　　唐朝盛世較廣為人知的有貞觀之治（唐太宗李世民）與開元之治（唐玄宗李隆基）兩位君主，這兩位君主的共同特色就是：建立一個良好的執政團隊，來協助他完成國家治理霸業。

　　唐太宗執政初期時的幕僚團隊，每當有政策需要制定或執行時，太宗就會號召幕僚群臣討論，經一番唇槍舌戰討論議案之後，制定政策公佈。玄宗時，將翰林院（有特殊藝能之人集結之機構）進行調整，分為翰林學士與翰林供奉。翰林學士院的人就是皇帝的文膽，專門起草詔書、皇室陪讀、政策制定，也是當時文職知識份子的菁英匯聚之處；翰林學士院這個組織同時也是儲備政策幕僚的搖籃，許多唐朝明相如張說、張九齡皆出身自翰林院，可見這個組織在當時的重要性。

　　翰林院提供皇帝在決策與政事上可以輔佐參照的人才，這個

組織發揮了極大的功用，建立許多國家治理的政策與方向，訂定執政路線，讓當時唐朝執政成果在世界的舞台上發亮。

比古對今 　現今較大型有規模的企業通常都會有專責幕僚（經營企劃）機構的建置，再因應組織期望、公司策略進行調整。幕僚機構的設置，除了可以定期的跟催、貫徹領導者的指令，另一方面也會針對國際局勢、競爭態勢、產業狀況與經營現況進行分析與研擬戰略，讓領導者除了管理上可以快速掌握進入狀況，也可以針對競爭態勢與國際局勢進行策略研擬，讓組織可以取得領先不敗的地位。

　　運作良好的幕僚機構除了要有各領域的優秀人才加入，同時也需要建立學習型的組織文化與習慣置入，畢竟市場的競爭無所不在，若沒有持續保持領先，很快就會被超越甚至出現衰敗，因此文化的養成極其重要！

　　要讓文化養成，組織建立良善循環以及用人就相對重要。領導者以身作則的親自示範較容易起帶頭作用，上行下效，好的風氣才易建立。另外，領導者選才也是一門學問，像唐朝翰林院這樣的機構，都是菁英中的菁英，所謂文人相輕，在團隊氛圍上，若沒有注意與拿捏，就容易出現傾斜與結黨；一旦發生傾斜與結黨，組織就會陷入原地打轉或是執政效果

不彰的情形。因此，在幕僚機構的領導人選上，除了要具有豐富的知識、專業背景，其願意傾聽、授權、溝通、以身作則與好於學習更是重要的人格特質。在這樣的選才條件下組織的幕僚團隊，方能成就如唐太宗或唐玄宗般的盛世。

相關補充：

　　一般來說，稍具規模公司的幕僚組織會設置幕僚長（經營企劃主管）的角色，協助執行長進行組織的管理。執行長管轄的經營企劃單位是組織裡橫向溝通的角色，需要確實傳達主管意志和組織策略方向，但執行長並不是每件事情都可以親自在各部門間傳達與協調，此時幕僚長這個角色就很重要，不僅肩負起各部門串接的業務，負責居中協調各項事務，亦能將執行長的指令在各部門間落實。

　　另外，幕僚長除了一方面可以協助主管追蹤指令進度，另一方面也可以藉由各部門回饋的資訊來判斷修正策略與指令，這樣的組織運作方式，在執行力的展現上是很有效益的，因為能讓全體成員腳步一致地朝目標方向前進；有專門職司的人跟催追蹤，執行狀況更一目了然，讓企業可以以更快的速度展現橫向綜效，發揮組織功能，打造高績效團隊。

　　相信只要能夠學習古人建構起的幕僚組織概念來進行尋才、謀才、規劃、議事、協同作戰與適時回報進度，讓在位者可以

迅速掌握全貌、判斷決策與調整政策，每個成員亦能徹底發揮功能，專人專職、扎實地完成每個工作事項，落實所有政策，在充分的授權溝通運作下，必能發揮良好的功效，讓組織長治久安，績效超越目標。

5-2
執政團隊－
唐朝宰相興替與人才出走風險

　　唐玄宗在唐朝帝王中是「執政在位期間」最長的，歷史記載共 44 年，再加上太上皇的 6 年，說半百的人生都在位，也不為過啊！在他的主政下，有了開元之治，唐朝的國力達到史上的巔峰。根據《唐六典》的統計，當時有近 70 個朝貢往來國家；日後海外華人聚居地稱之為「唐人街」，亦是因為唐朝的強大所留下的稱謂。

　　玄宗作為一國之君，是個能文能武的皇帝；唐朝的詩是眾所皆知的，唐玄宗寫的詩，可以被清朝人選入唐詩三百首裡，成為入選 77 人之一的百強，而且還是唯一一位以皇帝身分入選的，可見他的文采有多迷人。另外玄宗的體育也很強，最厲害的是馬毬！馬毬就是現代馬球史祖，相傳為唐朝時由波斯傳入。一個既有魅力又有情趣的當權者，就現代的眼光來看，玄宗就是

高富帥的人生勝利組。

在這麼長的時間都是同一執政黨的情況之下，閣揆（宰相）就顯得相對重要了！玄宗在位期一共聘用過 26 位宰相，而每位宰相在位時間都不是太長，平均約莫在 1.2 年左右；這也顯示職場中伴君如伴虎的道理（不到 2 年就換一個總經理，這樣速度在現代企業中也不是好事）。以 1.2 年的首長年資，其實並不算久， 每一任很容易達成，這時除可看出太宗的用人邏輯與這些宰相的隕落狀況之外，也道出組織忠誠的差異。

玄宗在位時期，在位期最長的首長就屬李林甫是也，他共當宰相 19 年；也是這 19 年間玄宗荒廢了政事，導致後來的安史之亂，讓開元之治的佳話落入笑柄，亦讓這位唐朝在位最久的皇帝，陷入了前功盡棄之窘境。

比古對今　現代的企業組織中，所謂的「組織忠程度」，早因現今的勞資雙方，不再走終身雇用制，對勞方而言，隨時可以準備離開不喜歡的環境；對資方來說，隨時可以再找喜歡這環境的人，雙方都不吃虧。因此，組織忠誠度的表現會具體的展現在同仁的工作表現和文化中。以現代的雇傭狀況來觀察，「雇傭忠誠」是個落伍的觀念；現在的雇主認為不需要員工的承諾，因而減少員工的福利，員工則是看到另一個工作機會就二話不說的跳槽。

管理者必須要了解員工態度，態度不僅影響行為，更是潛在問題的警示，雖然有滿足的員工不一定能讓組織交出成績單，但有研究報告指出，只要管理者願意改善員工的工作態度，極有可能因而提高組織效能，故所有的管理者都必須了解同仁的需求與對管理者的啟示，讓勞資關係更合諧，組織更能夠永續發展。

相關補充：

　　在大型的企業組織裡，人才流動是常常發生的；若是要避免流動，可以參考國內大型公司的留才作法，例如：薪資調整、福利政策，用最直接的「民生問題」讓人才在組織內效命。部分行業則會以員工認股、分紅、股票選擇權等方式，皆是可以留才的手段；但探究其中，最重要的還是工作的「職場氛圍」最為關鍵。許多的報導指出：離職原因最普遍的就是職場的不適應（和主管不合）；當人心感到委屈的時候，再多的薪資、福利，都不再重要了。所有的管理者一定要注意這個現象，讓團隊在努力打拚的時候，職場溫度、士氣這個不是關鍵績效指標的隱性指標，能更被重視，以降低人才流動風險。

　　現代公司組織隨著規模愈加龐大，也有如同國家組織可撼動國家機器的能力和預算，若以計算國力的 GDP（Gross domestic product 國內生產毛額）比擬計算，這種大型的企業組織一年的

資本支出與產生的營運數字，比全球許多小國家的年度預算還高，所以現代企業組織大到「富可敵國」，是真實存在且牽動全球經濟的，這樣的公司規模，不管在運營或管理上，都是可讓人肅然起敬且值得學習的。

5-3
唐朝皇子接班遴選
與現代企業接班佈局

　　以唐朝皇子安排接班為例，在封建皇朝，太子的接班總是充滿著腥風血雨和算計，統計上來看，29 位正式當太子的人選中，只有 16 位能當上皇帝，接班成功率只有 55%，欲爭上位但接班不成功的太子，想當然耳會被消失在梯隊上，也著實應證著人性與現實。

　　封建皇朝的接班一般是以「立長」、「立賢」、「立嫡」等原則，符合條件的人選則會被任命為太子，等著將來接班。太子們從小被國家託付的能臣貼身的教育著，為將來的施政做準備，通常會有專門的機構（如：東宮三師、東宮三少）[1] 輔導這些皇子讀書、學藝、學武等等；太師這個位列三師 [2] 的角色，也

1　東宮三師為輔佐太子的官員，數從一品官，東宮三少為東宮三師的輔官，後世漸為榮譽職，沒有實權。
2　三師：太子太師、太子太保、太子太傅的合稱。

因為是太子的老師，屬從一品官的高級官員，

比古對今 現代許多的企業都面臨「接班」這項重大課題。根據人力銀行於 2019 年公佈的報導指出：台灣中小企業目前沒有接班計畫準備的占七成，企業內出現人才斷層也達 86%，顯見企業接班是個嚴峻的課題，多數企業沒有準備，對未來的運籌帷幄來說，是不小的隱憂。

反觀國外企業，因為交棒給專業經理人的比例不少，就比較沒有接班的問題。對照美國，葉銀華[3]於其著作中資料提及：「家族企業的績效表現優於非家族企業，這些家族公司的執行長（CEO）若為創業者或外部人士（聘僱）的執行長（CEO），則公司市值表現較佳；但世襲傳承給後代的執行長（CEO）市值表現，通常並不佳。」由此可見二代接班要維持創業時期的成績並不容易，若沒有及早準備，二代接班將會蘊藏極大風險導致失敗，造成企業的損失與沉淪。

成功的傳承必須是個縝密思考與佈局的過程，透過計畫、培養、指導、放手與支持的五個階段[4]，由事前詳細的計畫進而安排培養，從公司的基層開始歷練與學習，更可以從頭掌

---

3 資料來源－公司治理：公司觀點、台灣體驗二版，葉銀華著，2017年出版。

4 資料來源：五個階段詳見公司治理：公司觀點、台灣體驗二版，葉銀華著，2017年出版。

握，再來找尋有經驗的經理人或公司老臣進行指導，利用貼身學習的機會迅速掌握關鍵維運重點，最後試著帶領部門進行實戰安排，給予行動上的支持與指示，在若干時間後，就可以順利的接班完成。

相關補充：

根據資誠聯合會計師事務所 2018 年發表之《2018 全球暨台灣家族企業調查報告》中所述，台灣逾五成的家族企業主計劃將領導權或經營權交棒給下一代，高出全球十四個百分點，顯示台灣老闆更傾向交棒給子女而非專業經理人，由子承家業的態勢較為明顯。

前大同公司總經理何春盛，曾分享接班的佈局傳承模式。家族事業佈局接班有以下幾種選擇：

1. 傳承給專業經理人。

2. 傳承給家族後代子孫。

3. 出售給其他經營者。

4. 出售部分股權，委託有能力經營者接手。

上述四點皆是可行與主流的傳承方式。

但若是選擇傳承「家族成員接班」，就應考慮以下幾點：

1. 至少有十年以上的學習時間，尤其公司愈大，學習時間應該更長，最好的情況是在非屬家族可控制的公司進行，一方面

培養基層歷練，讓接班人體會基層工作辛勞，一方面沒有特殊待遇的工作經驗才能了解真實職場環境與體會。

2. 多位子女或家族成員同時進入公司，應妥善安排規劃分工並由基層做起，安排部門輪調，讓被指導者們了解各部門業務與專業，熟悉內部文化後，後續接班可較順暢。

3. 為子女與家族成員找到指導者，安排資優表現佳的經理人教導，快速進入狀況。這點和劉備交付任務請諸葛亮教導、輔佐劉禪很類似，透過能臣進行降低學習時間，增加學習成果。

4. 厚待資深主管。當交棒勢在必行時，善待公司老臣，則二代接班較順利，較不易出現阻礙。二代上位後，若是立刻進行大刀闊斧的改革，就會出現人事陣痛期；員工出走潮對組織發展來說並不是好現象。

所有的交班、傳承都是充滿著挑戰與風險，可以做的就是及早準備佈局進行，不要等到事情發生了才匆忙進行，否則不但沒有時間練習，反而會因為揠苗助長導致反效果。二代不願意接班，事業體無人可以傳承，也是一種損失，若因此而殞落則得不償失，在交班議題上一定要制訂相關計畫務實為之。

5-4
唐朝皇子接班安排與
現代企業家族接班風險

　　在史料記載中，唐太宗和唐玄宗的執政時期政績多半給予較高的評價；可是，也因為吹捧，讓許多不同面向的聲音被淹沒。但從不同史料的觀察中，可以發現：不是每個人對這兩位君主的執政都是滿意的；尤其在私德或是接班計劃上，兩位君主的接班共通性，說來都有些殘忍與道德爭議。唐太宗李世民是透過逼父、弒兄，利用玄武門之變取得政權；而唐玄宗亦是透過「政變」取得政權，在取得政權的路上充滿了殺戮。

　　從前的封建皇朝制度下，若是沒有順利得取得政權，則將會取之性命，既現實也無奈。所幸，唐太宗和唐玄宗或許是因為知道自身取得政權不正統，因此在治國路上付出了不少努力與心血，方有現在看到的貞觀、開元之治。

比古對今 現代家族企業接班安排上也存在著相當多的風險，若是交班人不想進行交接，或是交接後，接班人表現不佳導致衰退；甚至後代因為婚姻、政治、繼承等因素導致股權流失，也讓接班充滿著不可預期性。何春盛曾分享，家族企業繼承接班的八大風險[1]：1. 缺乏緊急情況備案。2. 二代婚姻風險。3. 公司股權產權不清問題。4. 家族企業的二代涉外身分影響接班。5. 企業家族無人可傳。6. 遺囑執行的風險。7. 家業企業未做隔離。8. 外來制度不能落地。

以國內首屈一指的台塑集團來觀察接班與控股管理方式，台塑集團所採取方式為強化所有權、經營權，分離設置管理中心（台塑大股東為王氏家族成員）9 人決策小組。在經營權部分：王家成員與專業經理人共治；所有權部分：台塑四寶交叉持股股權集中於王家；控制權部分：採用信託化、公益化集中股權（利用長庚醫院控股），交叉的進行持股以達控制之效。

另外，德國博世 BOSCH 集團採用方式則為：獲利大部分留在公司以保證財務獨立再發展，信託基金用於慈善事業家族代表參與，經營權部分：設置經營委員會成員（社會賢達、退休經理人、基金代表、家族代表）、專業經理人、CEO，採任期制，任期內以每年 8% 為獲利目標；所有權部分：93%

1　資料來源：擷取何春盛先生演講分享。

信託基金持有、7% 家族成員持有;控制權部分:信託基金 93% 控制。如此,企業將是以專業經理人治理為主,但仍可確保家族獲利與控制。

　　不管是在古代還是身處現今,人不可能永遠都在同一位置上,終有一天需要「放手」,現代的接班雖不若從前封建皇朝這麼充滿血腥,但也不是完全風平浪靜、和平完成,新聞上仍不時出現大企業接班、繼承爭議的訴訟歷歷在目,但相信只要能事先做好規劃準備,避開前人的失敗,才有機會無縫接軌,讓企業維持長久且豐盛的經營成果。

相關補充:

　　家族企業若欲永續經營,接班計畫必須有以下幾點的思考:

1. 佈局規劃部分

　　通常創業第一代年事已高,提早(最少 10 年)安排二代進入公司上班,培養第二專長也可以學習當主管和員工,再由老臣協助教育訓練接班人業務、事業狀況;也讓有能力之專業經理人操作,使企業經營永續與持續維持成長高峰。

2. 股權設計部分

　　控制權、經營權、所有權確認、信託機制或是交叉持股,繼承部分及早佈局與贈與規劃。以三星集團會長李健熙先生為例,

2020 年 10 月過世時留下 26 兆元（約台幣 6500 億）遺產，導致家族繼承人需賣股票繳交 12 兆韓元（約台幣 3000 億）遺產稅[2]，即是未妥善規劃而使股權稀釋、控制力下降的最好例子。

3. 傳承企業文化部分

建立良好的公司治理文化，使企業文化得以延續；所有部門之規範制度、經營 know-how 建置、系統化留下 domain-knowledge 維持營運與專業化，建立「比照上市櫃公司規格之公司治理導向企業文化」為主要接班計畫須執行部分。打天下和治天下需要分開考量，公司人才發展培育，更需以日後營運擴張為主的審慎考量，用才惟德。

4. 子女接班意願考量

若確認子女不願意接班或無能力接班，則考量交棒給專業經理人；在此之前必須先與子女明確溝通並確認其意志，確保後續法律問題。接著必須物色最適當之接班人；在考核接班人過程，適度透過股權贈與或售予，讓接班順利。

5. 家族其他接班人選

傳承家族成員接班人選，除考慮子女外，兒媳婦、女婿、妯娌或是手足等其他成員亦納入考量範圍。

---

2 詳見 2021/04/28 鉅亨網報導。
（網址：https://news.cnyes.com/news/id/4634720）

6. 風險意識貫徹

　　永遠要建立風險管理意識、降低營運成本、確保競爭意識……避免溫水煮青蛙；無恃敵之不來，恃吾有以待之。大型公司都有進軍全球市場的擴張計畫佈局與能力，盡早建立對手將進入市場瓜分市占之態度，進行風險意識貫徹之準備。

5-5
基業長青－
朝代更迭與現代企業永續經營

　　唐朝在安史之亂後國力日益衰退，執政中央已無法有效控制皇權，於是稱霸了兩百餘年的皇朝，便漸入苟延殘喘隨時崩解的地步，彷彿宣告著將走入下一個世代。

　　隨著唐朝最後一任皇帝－唐哀帝李祝的卸任，也正式宣告唐朝國祚走入歷史。季節、風水總有更替，任何的改朝換代都是依附政權的生命週期循環而運作，不管是國家載體亦或是企業組織，都在這個週期中輪轉，歷史方能不斷被記綠，也一再重演。所以能夠長久延續的營運是每個組織、政體都深刻嚮往與努力的。

　　隨著時代的進步，企業生命想要綿長永續，已不再是企業自身競爭力的問題，與未來的商業與人權、環境的發展變化都脫離不了關係。自工業革命之後，人類開始大量使用機械進行生

產；也是從這個時候，資本主義和科學產生加乘運作，過量的生產需求展開了開墾與汙染，短短的數百年間，我們居住的環境開始被破壞而且影響了生態。眼看著持續的過度開發，溫室氣體碳排放的增加，導致地球氣溫升高，無可挽回的扼殺了我們居住的地球。終於在 2015 年，全球 195 個國家在巴黎進行會議，最後擬定了巴黎協定[1]（Paris Agreement）；這個協定的重點，也改變了每個締約國國家的產業政策。

巴黎協定的目標是將地球上升溫度控制在攝氏 1.5 度到 2 度之間，各國也將訂定 5 年內減排目標；已開發國家每年撥款 1000 億美元資金，協助開發中國家進行溫室氣體排放減量，預計 2050 達到溫室氣體排放和自然吸收之間的平衡。有了保護環境的概念，才有機會在未來降低因為氣候變遷導致的極端風險。

另一個企業永續經營的指標則是 E.S.G.[2] 的概念，這個關心環境保護的議題，讓政府與企業界也開始動員與思考：身為地球村一份子的我們，是否也該為我們居住的環境做一點改變？也因為聯合國全球契約開始關注這個議題，全球企業、投資者

---

1 巴黎協定（Paris Agreement）：係具有法律約束力的國際氣候協議，2015 年 12 月 12 日全球 195 個締約國於巴黎舉行的第 21 屆締約方會議（UNFCCC COP21）上通過，並於 2016 年 11 月 4 日生效，此協議主張降低碳排放。

2 E.S.G：聯合國全球契約（UN Global Compact）於 2004 年首次提出 ESG 的概念，分別為環境保護（E，environment）、社會責任（S，social）和公司治理（G，governance），被視為評估一間企業永續經營和治理的指標。

們亦開始關心自身產業和環境保護之間的關係，如：降低碳排放、回收水資源、降低水汙染、產品包裝、燃料與能源管理。

　　另外對於社會責任的關注則在人權議題、社區、勞工、客戶關係、員工薪資、福利、待遇、健康等方面。公司治理部分則重點關注商業倫理、競爭行為、系統風險、供應鏈管理等相關重點，透過 E.S.G. 指標，全球的投資人可以利用公開資訊檢視這些公司的相對應表現績效。有時候不見得是經營數字指標，而是指數的表現狀況讓公司的企業形象能見度提高；指數表現佳，代表投資這家公司相對風險較低，其公司的市值也會因而提升。

比古對今　能夠永續經營讓事業體持續發展是每個創業者內心所追求與渴望的，看著自己的心血日復一日的成長茁壯，對於企業經營者來說，會有無比的成就感！但是要讓公司持續維運又何嘗不是個大難題？所以，學習古人的智慧和結合現代的企業管理知識，就是維持長青的祕訣。從用人、打造團隊開始，選對的人、適才適所，充分授權讓專業團隊發揮，就可以拉開差距。

再來關注各項制度的規範建立。有了維持組織營運的制度做系統性有效管理，讓經驗不再只存在少數人腦中，便可以建構組織專屬的企業知識管理資料庫，讓專屬組織知識長存，降低人才不足風險。最後，觀察總體經濟環境、研究產業趨勢發展，進而架構所經營的事業核心競爭力，利用公司治理來完成版圖。

好的公司治理除了需要遵法、合規，讓董事會發揮專業與指導功能、協助經營團隊，一起為股東利益最大化、公司利益最大化而努力；最後透過建立企業文化，讓善的循環與種子在組織內萌芽，一步一腳印、一點一滴的累積；同時，借鏡古今案例思考分析與延伸，相信每個擁有「基業長青」夢想的實業家，一定都能達成心中的目標，貢獻社會，邁向自己理想的人生。

Win 022

大唐盛世之治X現代企業管理

最值得經理人、管理者參考借鏡的現代企業管理智慧

作　　者	邱立宗
顧　　問	曾文旭
出版總監	陳逸祺、耿文國
主　　編	陳蕙芳
執行編輯	翁芯俐
封面設計	李依靜
內文排版	李依靜
法律顧問	北辰著作權事務所

印　　製	世和印製企業有限公司
初　　版	2024年06月

（本書為《唐歷史點江山：從唐朝盛世興衰談現代企業管理》之修訂版）

出　　版	凱信企業集團-凱信企業管理顧問有限公司
電　　話	（02）2773-6566
傳　　真	（02）2778-1033
地　　址	106 台北市大安區忠孝東路四段218之4號12樓
信　　箱	kaihsinbooks@gmail.com

定　　價	新台幣320元／港幣107元
產品內容	1書

總 經 銷	采舍國際有限公司
地　　址	235新北市中和區中山路二段366巷10號3樓
電　　話	（02）8245-8786
傳　　真	（02）8245-8718

國家圖書館出版品預行編目資料

大唐盛世之治X現代企業管理：最值得經理
人、管理者參考借鏡的現代企業管理智慧／邱
立宗著. -- 初版. -- 臺北市：凱信企業集團凱信
企業管理顧問有限公司, 2024.06
　面；　公分
ISBN 978-626-7354-51-3(平裝)

1.CST: 管理科學 2.CST: 企業管理
3.CST: 唐史

494　　　　　　　　　　113006221

凱信企管

用對的方法充實自己，
讓人生變得更美好！

凱信企管

用對的方法充實自己，
讓人生變得更美好！